蔡元培 著

精神与人格

JINGSHEN YU RENGE

蔡元培

CAI YUANPEI

美学文选

MEIXUE WENXUAN

时代出版传媒股份有限公司
安 徽 文 艺 出 版 社

图书在版编目（CIP）数据

精神与人格：蔡元培美学文选/蔡元培著.—合肥：安徽文艺出版社，2015.10

ISBN 978-7-5396-5293-1

Ⅰ.①精… Ⅱ.①蔡… Ⅲ.①美学—文集 Ⅳ.B83-53

中国版本图书馆 CIP 数据核字(2015)第 000462 号

出 版 人：朱寒冬　　总 策 划：黎　雨

责任编辑：李　芳　　装帧设计：张子航

出版发行：时代出版传媒股份有限公司　www.press-mart.com

安徽文艺出版社　www.awpub.com

地　　址：合肥市翡翠路 1118 号　　邮政编码：230071

营 销 部：(0551)63533889

印　　制：河北信德印刷有限公司

开本：880×1230　1/32　印张：8.5　字数：152 千字

版次：2015 年 10 月第 1 版　2024 年 1 月第 2 次印刷

定价：46.00 元

代总序

蔡元培

爱美是人类性能中固有的要求。一个民族，无论其文化的程度何若，从未有喜丑而厌美的。便是野蛮民族，亦有将红布挂在襟间以为装饰的，虽然他们的审美趣味很低，但即此一点，亦已足证明其有爱美之心了。我以为如其能够将这种爱美之心因势而利导之，小之可以怡性悦情，进德养身，大之可以治国平天下。何以见得呢？我们试反躬自省，当读画吟诗，搜奇探幽之际，在心头每每感到一种莫可名言的恬适。即此境界，平日那种是非利害的念头，人我差别的执着，都一概泯灭了，心中只有一片光明，一片天机。这样我们还不怡性悦情么？心旷则神逸，心广则体胖，我们还不能养身么？人我之别、利害之念既已泯灭，我们还不能进德么？人人如此，家家如此，还不能治国平天下么？我向年曾主张以美育代宗教，亦就因为美育有宗教之利、而无宗教之弊的缘故，至今我还是如此主张。在民元时，我曾提出《对于教育方针的意见》，以美育与军国民主义、实利主义、德育主义及世界观并列。我以为能照此做去，至少可以少闹许多乱子。

但是，审美观念是随着修养而进步的，修养愈深，审美程度愈高；而修养便不得不借助于美学的研究了。通常研究美学的，其对象不外乎“艺术”“美感”与“美”三种。以艺术为研究对象的，大多着重在“何者为美”的问题；以美感为研究对象的，大多致力于“何以感美”的问题；以美为研究对象的，却就“美是什么”这问题来加以探讨。我以为“何者为美”“何以感美”这种问题虽然重要，但不是根本问题；根本问题还在“美是什么”。单就艺术或美感方面来讨论，自亦很好；但根本问题的解决，我以为尤其重要。

（《美学原理》序节选，1934 年 10 月 15 日）

目　录

第一辑

价值论

价值论

哲学者，知识之学也。其接近于实行者，为价值论。价值论者，举世间一切价值而评其最后之总关系者也，其归宿之点在道德，而宗教思想与美学观念亦隶之。

一　价值通论

何谓价值？不外乎于意识中悬一种之鹄的，而欲有以达之。事物之与意志及情感无关者，即无所谓价值。例如千金之券，谓之有价值者，以其可以购种种可爱之物也。苟其人既不爱钱，亦不购物，则虽有千金之券，与废纸无异。何则？其所有者，形耳，色耳，重量耳，玄学中所谓物质原素或所谓心灵原素之集合体耳，而其所以构成价值之原素则已失之。又如谓某甲有价值者，亦谓其人有利物之道德心，而为他人所利用耳。苟举其利物之道德心而去之，则虽形体犹是，能力犹是，而其对于他人之价值已不复存。然则事物之价值，无不由主观之意志而发生，明也。

价值之互相关系亦然，例如吾人求一身之康强，则不可不宜其饮食，时其起居。身之康强，果也；饮食起居之宜与时，因也。求其果不可不先求其因，是果为鹄的而因为作用，果为最高之价值而因为较卑之价值也。又如吾人或同时有两种鹄的，而二者不可得兼，不能不舍一而取一，于是意识中有竞争。两者之间，有久暂或强弱之殊，而胜负由是决焉。孟子曰："鱼我所欲，熊掌亦我所欲，二者不可得兼，舍鱼而取熊掌；生我所欲，义我所欲，二者不可得兼，舍生而取义。"是即同有价值之事物，而因其高卑之比较以定取舍者也。虽然，人之所见，不必尽同，有在此见为鹄的而在彼见为作用者，有在此见为作用而在彼见为鹄的者，有在此为所取而在彼为所舍者，有在此为所舍而在彼为所取者。故价值高卑之比较，不仅在客观，而尤在主观。

以上皆为相对之价值言之也。为问一切价值以上，果有绝对之价值，不受一切主观之影响，而于人人为同等者乎？曰：宜若有之。虽然，其确定之内容，则未有能质言之者，昔之哲学家，盖尝试之矣，曰：人类最终之鹄的，在快乐；曰：在幸福；曰：在生存；曰：在威权。此四说者，非不各持之有故而言之成理也。然而其所以判断之者，乃据大多数人之行为而求其效果之所在，故曰，在是在是，非自各人价值之意识中，实得有普通之证明也。墨翟之教，生勤而死薄，使人忧，使人悲，使后世墨者日夜不休，以自苦为极，果认有快乐之价值乎？豫让为智伯复仇，至于漆身吞炭，戴就为成公浮辩诬，虽被幽囚考掠，五毒备至而不变，果认有幸福之价值乎？士可杀而不可辱，志士仁人，无求生以害仁，有杀身以成仁，果认有生存之价值乎？儒家者流，有若无，实若虚，犯而不校。道家之言曰，柔弱胜刚强，果认有威权之价值乎？然则兹四说也，亦仅为思想家所假定之心理而已。

且也，吾人即使最后之鹄的，假定为大同，而所以达之道，亦复不能一致。如同一求快乐也，或曰，“与年少辈数十骑，射獐数肋，渴饮其血，饥食其胃，此乐使人忘死。”或曰，“饭疏食，曲肱而枕之，乐亦在其中。”同一求威权也，或曰，“仕宦当为执金吾”，或则纵观皇帝曰，“大丈夫当如是也”，或则曰，“士贵耳，王者不贵”，或则曰，“匹夫而为百世师，一言而为天下法”。其他求幸福求生存之道，各各不同，亦复类是。然则不特最高之价值也，即以次递降之价值，亦岂是为定评与？

客观界价值之总纲，其无定评也如此。其在主观则何如乎？夫主观界之价值，即意识中各种欲望之竞争，优胜而劣败，其最后者占最高之价值是已。其优劣之标准，不外乎两种形式：（1）人类以外之主宰者，如宗教家所谓上帝十戒是；（2）吾人良心之命令，即所谓道德之意志是也。惟是上帝十戒，非科学所能承认，即曰有之，亦有待于良心之认可。则主观界价值之标准，不外乎良心之命令也。夫所谓良心之命令者，非人人意识中皆昭然若揭日月而行也，有于欲念纷乘之中，仅曜然露一线之光者，能把握之以凌驾其他副贰之意识始能明了，一而再，再而三，以至于什百，于是习惯成自然，而不知不觉之间，所然所否，自然吻合于良心之命令，而无所容其勉强，此良心进化之历史，普通人所公认也。然一叩以何者为一切良心之所同然，而何者为其所同否，则因种族地域时会之不同，而所认者不能一致。例如，或以复仇为第一义，而或主以德报怨，或以方严为美德，而或主柔和之属，是也。

于是价值论之研究，所可认为普遍者，惟有形式。在客观界，以最后鹄的为最高价值，而其他达此鹄的之作用，则视其远近于大鹄的以为差；在主观界，则良心之命令，由有意识而进于无意识，是也。至其内容，则今日尚为一研究之问题，而未能质言之。

二　道德

价值论之实现者为道德论。夫道德界中所谓最高之价值者果何在乎？自昔治道德哲学者，不外二法：一演绎法，假定一最后之鹄的，为最高之价值，乃据以标准各种之行为，以其有无关系于最高鹄的，为有无价值之判断，又以其关系于最高鹄的之远近，为价值高卑之差，是也；一曰归纳法，先由普通人对于各种行为之判断，而求其理由，以为各各之鹄的，乃由此等各各鹄的，而求其最后之理由，以为最大之鹄的，是也。夫归纳法之视演绎法为切实，所不待言，然吾人之经验，既有制限，则所归纳者无自而完全，而其最后之结论，亦仍不外乎假定，然则道德哲学所证明为最后之鹄的者，皆假定义也。而循其进化之序以言之，则略有三种：一曰属于小己者；二曰属于社会者；三曰属于人道主义者。

属于小己之鹄的，其始曰自存，谓一切行为，皆以有裨于小己之生存者为有价值也。然仅仅生存而已，一切困苦颠连之境，有非人类所能堪者，于是谓行为之价值，不徒在谋小己之生存，而尤在图其幸福。幸福者，不惟在体魄之享受，而尤在精神之快乐，是为自利。虽然，仅仅谋现在之所谓幸福，而未达于具足之生活，犹以为未足，于是谋体魄及精神之进步，以求达于具足生活之境，是谓自成。凡是等属于小己之鹄的，在道德哲学家之判断，有认为最高之价值，而排斥一切利物之行为者，如梭斐斯替克及尼采等，专以我之小己为鹄的者，世多以不道德之主义目之。有借是以说明利物主义之缘起者，谓人己之关系，互为因果，非利物不能达利己之鹄，一也；谓小己皆有同情之感，非利物则小己精神之快乐为之不完，二也。于是其所谓价值者，虽不以我之小己为限，而既发端于小己之鹄的，则其所谓利物者，亦不能不以人人之小己为对象，固无疑矣。

夫使我之小己，不足以为最后之鹄的，则他人之小己，何独不然。且也，使一一小己，不足为最高之价值，则虽积大多数之小己，而其不足为最高之价值如故。例如数学中，积大多数之〇，其价值不能大于一〇也。然则此类之利物论者，仍不能不以我之小己之价值为前提，而其利物论，乃不过利己论之扩充者耳。

纯粹之利物主义，则以利物主义为本于天性，初非由利己主义而演出。于是有摈斥利己主义，谓绝无道德之价值者，如叔本华是也。然多数之利物论者，则多调和于己、物之间，以为小己之幸福，即在社会幸福之中，初不必特揭为鹄的。又如有一事焉，物我之幸福互相冲突，则恒以舍我为人者为道德。盖利物论之道德，常兼主观、客观两条件而规定之。在主观界，衡以人格之特性，如贫者因不忍其邻之冻馁，而推食解衣以济之，视富人之捐助巨金为较具道德之价值，是也。其在客观界，则视其行为之效果，所及愈广，则价值愈高，是也。

属于社会之价值，亦得别为公众之幸福，及公众之进化二者，而二者又互相为关系。盖社会之状态，莫不幸于停滞而不进，而文化之进步，即普遍之幸福所由增殖也。故社会之作用，不外乎悬一幸福之鹄的，而以其集合之意志，趋此惟一之方向，而悉力以达之，范围愈推广，小己意志同化于公共意志之意识愈明了，则道德界之价值愈高。惟小已之幸福，非必绝对牺牲之，或有附属之价值，或具作用之价值，其保存之范围，亦愈广而愈善，特不以为最后之鹄的，如利己主义云耳。大抵社会之范围愈大，则其全体之意志，顾虑所及，益益超过于小己之外。其究也，至有索其与小己幸福之关系而无从说明者。例如家庭者，最小之社会也，与小己之关系，至为密切。然吾人所以为子孙幸福计者，虽至明了，而曾、玄以降，即不免漠然。其他较大之社会，所规画者，不仅在吾人生存时期或将来之一二世而止。社会之中，较为规画远大者，在今世莫如国家。国家者，常得超现在而计将来。为将来之国家计，虽牺牲现在国民多数之权利以经营之，亦所不惜，此吾人所公认也。即吾人之感情，亦常以是为比例。有一消息也，谓吾人之子孙，数传以后，将受若何之灾厄，虽其说至确，而所以激刺吾人者，恒不甚剧。若曰，一二百年后，吾人之国家，将即于危亡，则不能不为之战栗。故国家之计画，常在数百年以外，然使远而又远，为之谋数千载之生存，则将以渐而入于惝恍迷离之境。然则社会之生命，在吾人意识中，仍不能不有制限也。

然则吾人所超越小已之鹄的而嬗于社会者，以为小已之意识，局于一时，不若社会之久远。以社会为道德行为之鹄的，而吾人行为之效果，乃不至俄焉消灭焉。虽然，社会之意识，亦不能不有界域，则道德行为之效果，仍不能不有一种消灭时期之意识，此又非吾人所能满意也，于是进而为人道主义之鹄的。人道主义之狭义，为人类全体，其广义则以凡识论为标准，自动物而植物，以至于无机物，凡认为有识者，皆有相关之休戚。如是，则一切小已，虽推之无涯之远，无穷之久，而无不包括于此主义之中。吾人道德之行为，以是为鹄的，则庶乎所致力者，永无消歇之顾虑矣。虽然，此主义者，吾人尚止能以情感迎合之，而不能以概念把握之，于是吾人所注定之鹄的，仍不过较近于最后鹄的之作用，而尚非最后之大鹄的也。

夫以无涯无穷之久远，而以其中至小至夭之小已衡之，其犹滴水之在大海，尚何价值之可言。虽然，认有最大之鹄的，而躬行道德以赴之者，要不外乎各各之小己。然则小已者，以其主观之幸福言之，无所谓价值，以其对于客观之责任言之，则对于最大之鹄的，而自有一种相当之价值。吾人试以历史证明之，其中贤者，其本体之幸福，及其同时人之幸福，至于今日，已成陈迹，而其致力于世界进化之事业，则与世长存。于以知自存、自利之价值，皆不免随历史而消亡。惟自成主义，则与人道主义之鹄的，相为关系焉。

夫人道主义，既为全世界共同之关系，则所以达此鹄的者，不能不合全世界而共同经营之。惟是人类所具之道德心，与其所处之地位，常不能一致。稽之历史，其注目于人道主义之鹄的，而直接尽其达此鹄的之义务者，常旷世而一遇。而其他旨趣有远近，能力有大小，其所成立，常为间接之作用，而其有相当之价值，则一焉。

三　宗教思想

道德与宗教，有密切之关系，无论何种民族，当开化之始，其道德条件，恒隶属于宗教之中。所谓道德律者，不外乎神之命令，何谓道德，神之所许故也；何谓不道德，神之所戒故也。而尤以敬神为最高之道德。宗教家流传之经典，非本于神，即本于神之代表，当为惟一之信仰，不特不容反对，而亦无所容其拟议。

自人智进步，科学成立，凡宗教家世界创造天象示警诸说，既有以证明其不然，而研究道德学及宗教学者，既博稽于人类之异同，历史之沿革，见夫道德之条件，往往因时地而不同，而宗教家恒各以其习惯为神律，党同伐异，甚至为炮烙之刑，启神圣之战，大背其爱人如已之教义而不顾，于是宗教之信用，以渐减损，而思想之自由，又非复旧日宗教之所能遏抑，而反对宗教之端启矣。

夫反对宗教者，仅反对其所含之劣点，抑并其根本思想而反对之乎？在反对者之意，固对于根本思想而发。虽然，宗教之根本思想，为信仰心，吾人果能举信仰心而绝对排斥之乎？反对宗教之主义，非即其信仰心之所属乎？尼采者，近世之以反对宗教著，而昌言“神死”者也。其所主张之“意志趋于威权”说，非即其所信仰，而且望他人之信仰者乎？独非尼采与其徒之宗教思想乎？

以宗教之历史考之，其根本思想，初无所谓变迁，而其范围，则不能不随时而减缩。当其始也，举一切天然之秩序，人事之规约，悉纳于其中。及自然科学以渐发展，则凡宗教中假定之理论，关于自然界者，悉为之摧败，而一切可以割弃。又如政治教育之类，在文明之国，皆次第由宗教而脱离。而道德一门，素为宗教之中坚者，亦得以伦理学研究之，苟归纳所得，差近于人心之所同然，即得假定为道德之本义，而亦将无待乎宗教。过此以往，凡人事之附丽于宗教者，亦将次第割弃。而宗教之仪式，在今日已为明哲之士所诟笑者，其被淘汰，益无待言。然则最后之宗教，其所含者，仅有玄学中最高之主旨，所谓超生死而绝经验者，其研究一方面，谓之玄学；其信仰一方面，则谓之宗教云尔。

最初之宗教，范围太广，所含之神话及仪式及习俗，既随地域及民族之不同，而不能相通，则宗教之派别，不能不繁。苟其有排弃杂因独标真谛之一日，则将渐趋于大同。夫多神教之领域，渐归于一神教，事实已成。一神教之领域，渐趋于凡神教，在今日亦已见端。欧美通行之退阿索斐会，融合古今各大宗教之精义，而悉屏去其仪式，以文学美术之涵养，代旧教之祈祷，其诸将来宗教之畴范与。

四 美学观念

美学观念者，基本于快与不快之感，与科学之属于知见、道德之发于意志者，相为对待。科学在乎探究，故论理学之判断，所以别真伪；道德在乎执行，故伦理学之判断，所以别善恶；美感在乎赏鉴，故美学之判断，所以别美丑，是吾人意识发展之各方面也。人类开化之始，常以美术品为巫祝之器具，或以供激情导欲之用。文化渐进，则择其雅驯者，以为教育，如我国唐、虞之典乐，希腊之美育，是也。其抽绎纯粹美感之真相，发挥美学判断之关系者，始于近世哲学家，而尤以康德为最著。

康德立美感之界说，一曰超脱，谓全无利益之关系也；二曰普遍，谓人心所同然也；三曰有则，谓无鹄的之可指，而自有其赴的之作用也；四曰必然，谓人性所固有，而无待乎外铄也。夫人类共同之鹄的，为今日所堪公认者，不外乎人道主义，即如前节所述。而人道主义之最大阻力，为专己性。美感之超脱而普遍，则专己性之良药也。且美感者，不独对于妙丽之美而已。又有所谓刚大之美：感于至大，则计量之技无所施；感于至刚，则抵抗之力失其效。故赏鉴之始，几若与美感相冲突，而心领神会，渐觉其不能计量不能抵抗之小己，益小益弱，浸遁于意识之外，而所谓我相者，乃即此至大至刚之本体，于是乎有无量之快感焉。

康德之所以说美感者，大略如是，而其所主张者，为纯粹形式论，又以主观之价值为限。虽然，自美感进化之事实言之，其形式之渐进而复杂，常与内容相因，且准诸美术家之所创造，与审美者之所评鉴，则客观之价值，亦有未容蔑视者。于是继之而起者，为隐性论及观念论。隐性论者，以美学之对象，初无异于论理，特其程度较低，所谓理性者，尚不能构为明晰之概念，而隐蔽于感观界之直观者也。观念论者，以美学之内容，不外乎柏拉图哲学之所谓观念者也。夫论理之概念，固以直观为其本，而美感则既托体于直观，而自为复杂之进化，与概念为对待。概念之于实物也，常分析其现象之分子而类比之，美感则举其表象之全体而示现之，两者互相为补充，而决无先后阶级之可言。至于以观念说美学之对象，其义较隐性为长，盖所谓美术家者，常不在实物生活之模仿，而在以其生活表象摄入于创造者之观念。故以观念之义，应用于一切美感之对象，非不当也。而一涉柏拉图之所谓观念，则层递而上，乃渐远于具体之生活，而与美学之事实相违。故最近哲学家，又以具体想象限界之。具体想象者，本种种具体之生活，以行其想象之作用，而形为观念者也。具体生活之形式，最为复杂，又常随历史而进化，以是为美学观念之内容，则于其复杂而进化之故，思过半矣。

且学者之说美学也，或归之于感觉，或隶之于论理，或又纳之于道德若宗教，非以此数者皆与美感结不解之缘故耶？

夫美感既为具体生活之表示，而所谓感觉论理道德宗教之属，均占有生活内容之一部，则其错综于美感之内容，亦固其所，而美学观念，初不以是而失其独立之价值也。

意志论之所诏示，吾人生活，实以道德为中坚，而道德之究竟，乃为宗教思想。其进化之迹，实皆参互于科学之概念，哲学之理想。概念也，理想也，皆毗于抽象者也。而美学观念，以具体者济之，使吾人意识中，有所谓宁静之人生观，而不至疲于奔命，是谓美学观念惟一之价值，而所由与道德宗教，同为价值论中重要之问题也。

（刊 1915 年《哲学大纲》第四编）

真善美

无论何人，总不能不有是非、善恶、美丑之批评，这因心理上有知、意、情三作用，以真善美为目的。三者之中，以善为主，真与美为辅，因而人是由意志成立的。

三者有不能分的时期。因善离了真，不免以恶为善；离了美，不免见善而不能行。例如行路，要达一目的地是善，然夜间不能不用灯，是真；行路易疲，不能不随口唱歌，或赏玩风景，是美。

但也有偏重的。科学家所发明，固然有利人的，然也有杀人的。美术家的唯美主义派，完全不顾善恶的关系。

科学家不必有道德，如培根。道德家或少知识，如徐偃王、宋襄公。文人无行。美术家或与神经病有关。

人类探求真善美的状态。经过三大时期，略如孔德所说：

（1）神学时期（神学与宗教）；

（2）玄学时期（悬想哲学）；

（3）科学时期（实证科学与哲学）。

（一）神话上　说自然现象，世界人类原始，是真的方面。说神的事，英雄的事（中国的禹，和美儿诗中的英雄），是善的方面。托诸文学是美的方面。

（二）宗教上　显出以善为目标的态度，而利用真美以助善。戒律，神之赏罚，是善的方面。以灾异为警告（洪水、大旱、异星等），以医术为媒介，以传授常识为职务（欧洲之教会，日本之僧寺），是真的方面。利用名山水、建筑、装饰、文学、音乐等引人入胜，是美的方面。

（三）哲学上　如中国以五行说明一切，印度以四行，希腊以四行或以一行。又如论理学、认识论等。且斐罗沙斐本是爱智的意义。可说是以真为主标。然而伦理学是哲学的一部。中国的哲学都以道德为归宿。直觉论与功利论的聚讼。美学也是哲学的一部。中国《乐记》《考工记》，诗话，文评，书画赏鉴。希腊哲学家的理论，美学。

（四）科学时代　自然科学，推到文化科学，即社会科学、语言、地理、社会、经济、法律、政治、历史、人种、民族，都用归纳法。犯罪学。

推到精神科学，心理、教育、美学、幽灵学（灵魂学）。

推到文学美术，左拉、印象派、立方派。

推到哲学，法国实证哲学、美国实用哲学。

但是，科学与哲学还是在互相补助时代。

科学偏用归纳法	哲学偏重演绎法	然而彼此都不能偏废
科学偏重客观	哲学偏重主观	
科学偏重事实	哲学偏重理想	

附说：

最后，关于大学区与大学院之组织法之意义。

区大学名称之标准。

附：同题异文

心理上有三方面，知、意、情，以真善美为目的。哲学家自叔本华以来，均认意志为人生本质，世界圣贤亦无不以止于至善为人类归宿，而知识之浅深与善之认识有关；感情之平激与善之实行有关。

心理上三方面之进化，略可分为三时期，孔德所谓神学时期、玄学时期、科学时期。

（一）神话　（1）世界之起原（知）。（2）人类之起原（知）。（3）人类文化（情、意）。（4）星（知）。（5）日月（知）。（6）冥界（情）。（7）盗火（知）。（8）英雄（情、意）。

（二）宗教　神之责罚。祖先。造物之功。祈祷与报酬。戒律。建筑、音乐、舞蹈、服装、法器、文字之利用。疗病（祭司、巫、僧道、教士）。灾异之警告。丧礼。祭礼。□言量。离经叛道，非圣无法。死后审判。末日审判。

（三）哲学 论理学（荀子正名，墨子经，识，名家，因明，亚里士多德之论理，认识论）。中国哲学以五行说明一切。印度哲学以四行、希腊哲学以一行说明一切，如水、火（具体的），变（抽象的）。又中、印、希均有以数说明一切者。心理学（性理，惟识，□□之轮回说）。

（四）伦理学 道家之自由。儒家之中庸。墨家之兼爱。法家之为公而舍私。Plato之共和国。Aristotle之中庸说。

（五）美术文学的理论 《乐记》。《考工记》。《论语》。说诗。《文心雕龙》。诗话。

（六）实验科学 物理学。化学。生理学。地质学。植物学。动物学。人类学。生物学。

有物理学的磁电之证明，而从前灾异之说可废。

有化学的原子、电子之推想，而五行生刻之说可废。

有生物进化论，而人类本位之说破。

不但物质方面都用科学方法，而文化方面，如社会、政治、法律、经济、宗教、历史、地理等，均用比较、统计等法作主干，就是可能的用归纳法，不专用演绎法。最明的，如龙伯罗梭之犯罪学，完全用生理来说明犯罪人的动机。遗传说与淑种学，完全从家谱上求出一族中善恶的份子。马克思的唯物史观。

最著的是精神方面，如心理学，完全用实验方法，因而教育学及美学都有实验的一派。又如最近流行之幽灵学，往往是科学家。

文学上的写实派，如左拉等，完全想应用科学。美术上的印象派、立方派等，亦以科学为根据。

似乎真善美各种问题，都可用科学来解决，而尚不能。所以现在是科学与哲学互相承认、互相补助的时代。

科学用归纳法，哲学用演绎法。科学上的新发明，不能不先有假定，科学的理论，不能不加以推想。不能全废演绎法。

科学尊客观，哲学尊主观。

科学尚专精，哲学尚综合。

（1927 年作，蔡元培手稿）

世界观与人生观

世界无涯涘也，而吾人乃于其中占有数尺之地位；世界无终始也，而吾人乃于其中占有数十年之寿命；世界之迁流，如是其繁变也，而吾人乃于其中占有少许之历史。以吾人之一生较之世界，其大小久暂之相去，既不可以数量计；而吾人一生，又决不能有几微遁出于世界以外。则吾人非先有一世界观，决无所容喙于人生观。

虽然，吾人既为世界之一分子，决不能超出世界以外，而考察一客观之世界，则所谓完全之世界观，何自而得之乎？曰：凡分子必具有全体之本性；而既为分子，则因其所值之时地而发生种种特性；排去各分子之特性，而得一通性，则即全体之本性矣。吾人为世界一分子，凡吾人意识所能接触者，无一非世界之分子。研究吾人之意识，而求其最后之原素，为物质及形式。物质及形式，犹相对待也。超物质形式之畛域而自在者，惟有意志。于是吾人得以意志为世界各分子之通性，而即以是为世界之本性。

本体世界之意志，无所谓鹄的也。何则？一有鹄的，则悬之有其所，达之有其时，而不得不循因果律以为达之之方法，是仍落于形式之中，含有各分子之特性，而不足以为本体。故说者以本体世界为黑暗之意志，或谓之盲瞽之意志，皆所以形容其异于现象世界各各之意志也。现象世界各各之意志，则以回向本体为最后之大鹄的。其间接以达于此大鹄的者，又有无量数之小鹄的。各以其间接于最后大鹄的之远近，为其大小之差。

最后之大鹄的何在？曰：合世界之各分子，息息相关，无复有彼此之差别，达于现象世界与本体世界相交之一点是也。自宗教家言之，吾人固未尝不可于一瞬间，超轶现象世界种种差别之关系，而完全成立为本体世界之大我。然吾人于此时期，既尚有语言文字之交通，则已受范于渐法之中，而不以顿法，于是不得不有所谓种种间接之作用，缀辑此等间接作用，使厘然有系统可寻者，进化史也。

统大地之进化史而观之，无机物之各质点，自自然引力外，殆无特别相互之关系。进而为有机之植物，则能以质点集合之机关，共同操作，以行其延年传种之作用。进而为动物，则又于同种类间为亲子朋友之关系，而其分职通功之例，视植物为繁。及进而为人类，则由家庭而宗族、而社会、而国家、而国际。其互相关系之形式，既日趋于博大，而成绩所留，随举一端，皆有自阂而通、自别而同之趋势。例如昔之工艺，自造之而自用之耳。今则一人之所享受，不知经若干人之手而后成。一人之所操作，不知供若干人之利用。昔之知识，取材于乡土志耳。今则自然界之记录，无远弗届。远之星体之运行，小之原子之变化，皆为科学所管领。由考古学、人类学之互证，而知开明人之祖先，与未开化人无异。由进化学之研究，而知人类之祖先与动物无异。是以语言、风俗、宗教、美术之属，无不合大地之人类以相比较。而动物心理、动物言语之属，亦渐为学者所注意。昔之同情，及最近者而止耳。是以同一人类，或状貌稍异，即痛痒不复相关，而甚至于相食。其次则死之，奴之。今则四海兄弟之观念，为人类所公认。而肉食之戒，虐待动物之禁，以渐流布。所谓仁民而爱物者，已成为常识焉。夫已往之世界，经其各分子之经营而进步者，其成绩固已如此。过此以往，不亦可比例而知之欤。

道家之言曰："知足不辱，知止不殆。"又曰："小国寡民，使有什伯之器而不用，使民重死而不远徙。虽有舟舆，无所乘之。虽有甲兵，无所陈之。使民复结绳而用之。甘其食，美其服，安其居，乐其俗。邻国相望，鸡狗之声相闻，民至老死而不相往来。"此皆以目前之幸福言之也。自进化史考之，则人类精神之趋势，乃适与相反。人满之患，虽自昔借为口实，而自昔探险新地者，率生于好奇心，而非为饥寒所迫。南北极苦寒之所，未必于吾侪生活有直接利用之资料，而冒险探极者踵相接。由椎轮而大辂，由桴槎而方舟，足以济不通矣；乃必进而为汽车、汽船及自动车之属。近则飞艇、飞机，更为竞争之的。其构造之初，必有若干之试验者供其牺牲，而初不以及身之不及利用而生悔。文学家、美术家最高尚之著作，被崇拜者或在死后，而初不以及身之不得信用而辍业。用以知：为将来牺牲现在者，又人类之通性也。

人生之初，耕田而食，凿井而饮，谋生之事，至为繁重，无暇为高尚之思想。自机械发明，交通迅速，资生之具，日趋于便利。循是以往，必有菽粟如水火之一日，使人类不复为口腹所累，而得专致力于精神之修养。今虽尚非其时，而纯理之科学，高尚之美术，笃嗜者固已有甚于饥渴，是即他日普及之朕兆也。科学者，所以祛现象世界之障碍，而引致于光明。美术者，所以写本体世界之现象，而提醒其觉性。人类精神之趋向，既毗于是，则其所到达之点，盖可知矣。

然则进化史所以诏吾人者：人类之义务，为群伦不为小己，为将来不为现在，为精神之愉快而非为体魄之享受，固已彰明而较著矣。而世之误读进化史者，乃以人类之大鹄的，为不外乎其一身与种姓之生存，而遂以强者权利为无上之道德。夫使人类果以一身之生存为最大之鹄的，则将如神仙家所主张，而又何有于种姓？如曰人类固以绵延其种姓为最后之鹄的，则必以保持其单纯之种姓为第一义，而同姓相婚，其生不蕃。古今开明民族，往往有几许之混合者。是两者何足以为究竟之鹄的乎？孔子曰："生无所息。"庄子曰："造物劳我以生。"诸葛孔明曰："鞠躬尽瘁，死而后已。"是吾身之所以欲生存也。北山愚公之言曰："虽我之死，有子存焉。子又生孙，孙又生子，子又有子，子又有孙，子子孙孙，无穷匮也；而山不加增，何若而不平。"是种姓之所以欲生存也。人类以在此世界有当尽之义务，不得不生存其身体；又以此义务者非数十年之寿命所能竣，而不得不谋其种姓之生存；以图其身体若种姓之生存，而不能不有所资以营养，于是有吸收之权利。又或吾人所以尽义务之身体若种姓，及夫所资以生存之具，无端受外界之侵害，将坐是而失其所以尽义务之自由，于是有抵抗之权利。此正负两式之权利，皆由义务而演出者也。今曰：吾人无所谓义务，而权利则可以无限。是犹同舟共济，非合力不足以达彼岸，乃强有力者以进行为多事，而劫他人所持之棹楫以为己有，岂非颠倒之尤者乎。

昔之哲人，有见于大鹄的之所在，而于其他无量数之小鹄的，又准其距离于大鹄的之远近，以为大小之差。于其常也，大小鹄的并行而不悖。孔子曰："己欲立而立人，己欲达而达人。”孟子曰：“好乐，好色，好货，与人同之。”是其义也。于其变也，绌小以申大。尧知子丹朱之不肖，不足授天下。授舜则天下得其利而丹朱病，授丹朱则天下病而丹朱得其利。尧曰，终不以天下之病而利一人，而卒授舜以天下。禹治洪水，十年不窥其家。孔子曰：“志士仁人，无求生以害仁，有杀身以成仁。”墨子摩顶放踵，利天下为之。孟子曰：“生与义不可得兼，舍生而取义。”范文正曰：“家哭，何如一路哭。”是其义也。循是以往，则所谓人生者，始合于世界进化之公例，而有真正之价值。否则庄生所谓天地之委形委蜕已耳，何足选也。

（刊1912年巴黎《民德》创刊号）

孔子之精神生活

精神生活，是与物质生活对待的名词。孔子尚中庸，并没有绝对的排斥物质生活，如墨子以自苦为极，如佛教的一切惟心造；例如《论语》所记："失饪不食，不时不食"，"狐貉之厚以居"，谓"卫公子荆善居室"，"从大夫之后，不可以徒行"，对于衣食住行，大抵持一种素富贵行乎富贵、素贫贱行乎贫贱的态度。但使物质生活与精神生活在不可兼得的时候，孔子一定偏重精神方面。例如孔子说："饭疏食，饮水，曲肱而枕之，乐亦在其中矣；不义而富且贵，于我如浮云。"可见他的精神生活，是决不为物质生活所摇动的。今请把他的精神生活分三方面来观察。

第一，在智的方面。孔子是一个爱智的人，尝说："盖有不知而作之者，我无是也；多闻，择其善者而从之，多见而识之。”又说，“多闻阙疑”，“多见阙殆”，又说，“知之为知之，不知为不知，是知也”。可以见他的爱智，是毫不含糊，决非强不知为知的。他教子弟通礼、乐、射、御、书、数的六艺，又为分设德行、言语、政事、文学四科，彼劝人学诗，在心理上指出“兴”“观”“群”“怨”，在伦理上指出“事父”“事君”，在生物上指出“多识于鸟兽草木之名”。（他如《国语》说：孔子识肃慎氏之石砮，防风氏骨节，是考古学；《家语》说：孔子知萍实，知商羊，是生物学；但都不甚可信。）可以见知力范围的广大。至于知力的最高点，是道，就是最后的目的，所以说：“朝闻道，夕死可矣。”这是何等的高尚！

第二，在仁的方面。从亲爱起点，“泛爱众，而亲仁”，便是仁的出发点。他的进行的方法用恕字，消极的是“己所不欲，勿施于人”；积极的是“己欲立而立人，己欲达而达人”。他的普遍的要求，是“君子无终食之间违仁，造次必于是，颠沛必于是”。他的最高点，是“伯夷、叔齐，古之贤人也，求仁而得仁，又何怨”，“志士仁人，无求生以害仁，有杀身以成仁”。这是何等伟大！

第三，在勇的方面。消极的以见义不为为无勇；积极的以童汪踦能执干戈卫社稷可无殇。但孔子对于勇，却不同仁、智的无限推进，而时加以节制。例如说：“小不忍则乱大谋”；“一朝之忿，忘其身以及其亲，非惑欤?”“好勇不好学，其蔽也乱”；“君子有勇而无义为乱，小人有勇而无义为盗”；“暴虎凭河，死而无悔者，吾不与焉，必也临事而惧，好谋而成者也。”这又是何等的谨慎！

孔子的精神生活，除上列三方面观察外，尚有两特点：一是毫无宗教的迷信，二是利用美术的陶养。孔子也言天，也言命，照孟子的解释，莫之为而为是天，莫之致而至是命，等于数学上的未知数，毫无宗教的气味。凡宗教不是多神，便是一神；孔子不语神，敬鬼神而远之，说，“未能事人，焉能事鬼?”完全置鬼神于存而不论之列。凡宗教总有一种死后的世界；孔子说，“未知生，焉知死?”“之死而致死之，不仁而不可为也；之死而致生之，不知而不可为也”，毫不能用天堂地狱等说来附会他。凡宗教总有一种祈祷的效验，孔子说，“丘之祷久矣”，“获罪于天，无所祷也”，毫不觉得祈祷的必要。所以孔子的精神上，毫无宗教的分子。

孔子的时代，建筑、雕刻、图画等美术，虽然有一点萌芽，还算是实用与装饰的工具，而不认为独立的美术；那时候认为纯粹美术的是音乐。孔子以乐为六艺之一，在齐闻韶，三月不知肉味。谓：“韶尽美矣，又尽善也。”对于音乐的美感，是后人所不及的。

孔子所处的环境与二千年后的今日，很有差别；我们不能说孔子的语言到今日还是句句有价值，也不敢说孔子的行为到今日还是样样可以做模范。但是抽象的提出他精神生活的概略，以智、仁、勇为范围，无宗教的迷信而有音乐的陶养，这是完全可以为师法的。

（刊 1937 年《大众画报》）

第二辑

美学概论

《美学原理》序

爱美是人类性能中固有的要求。一个民族，无论其文化的程度何若，从未有喜丑而厌美的。便是野蛮民族，亦有将红布挂在襟间以为装饰的，虽然他们的审美趣味很低，但即此一点，亦已足证明其有爱美之心了。我以为如其能够将这种爱美之心因势而利导之，小之可以怡性悦情，进德养身，大之可以治国平天下。何以见得呢？我们试反躬自省，当读画吟诗，搜奇探幽之际，在心头每每感到一种莫可名言的恬适。即此境界，平日那种是非利害的念头，人我差别的执着，都一概泯灭了，心中只有一片光明，一片天机。这样我们还不怡性悦情么？心旷则神怡，心广则体胖，我们还不能养身么？人我之别、利害之念既已泯灭，我们还不能进德么？人人如此，家家如此，还不能治国平天下么？我向年曾主张以美育代宗教，亦就因为美育有宗教之利、而无宗教之弊的缘故，至今我还是如此主张。在民元时，我曾提出《对于教育方针的意见》，以美育与军国民主义、实利主义、德育主义及世界观并列。我以为能照此做去，至少可以少闹许多乱子。

但是，审美观念是随着修养而进步的，修养愈深，审美程度愈高；而修养便不得不借助于美学的研究了。通常研究美学的，其对象不外乎“艺术”“美感”与“美”三种。以艺术为研究对象的，大多着重在“何者为美”的问题；以美感为研究对象的，大多致力于“何以感美”的问题；以美为研究对象的，却就“美是什么”这问题来加以探讨。我以为“何者为美”“何以感美”这种问题虽然重要，但不是根本问题；根本问题还在“美是什么”。单就艺术或美感方面来讨论，自亦很好；但根本问题的解决，我以为尤其重要。

同学金君公亮，于文学、心理学都研究有素，对于美学致力尤勤。近年本罗绥所著《美》一书而酌量增损，编为《美学原理》，对于美学上的根本问题，都予以相当的答案，可以作研究美学者的一助。书中每章作成提要，尤便初学。金君在国立艺术专校讲学有年，本书即当时讲稿的一部分。承金君以本书油印本见示，并属作序；我因就一时所想到的，拉杂写寄金君，以介绍于国人。

中华民国二十三年十月十五日

蔡元培

（1934 年作）

美学讲稿

美学是一种成立较迟的科学，而关于美的理论，在古代哲学家的著作上，早已发见。在中国古书中，虽比较的少一点，然如《乐记》之说音乐，《考工记·梓人篇》之说雕刻，实为很精的理论。

《乐记》先说明心理影响于声音，说："其哀心感者，其声噍以杀；其乐心感者，其声啴以缓；其喜心感者，其声发以散；其怒心感者，其声粗以厉；其敬心感者，其声直以廉；其爱心感者，其声和以柔。"又说："治世之音安以乐，其政和；乱世之音怨以怒，其政乖；亡国之音哀以思，其民困。"

次说明声音亦影响于心理，说："志微噍杀之音作，而民思忧；啴谐慢易繁文简节之音作，而民康乐；粗厉猛起奋末广贲之音作，而民刚毅；廉直劲正庄诚之音作，而民肃敬；

宽裕肉好顺成和动之音作，而民慈爱；流辟邪散狄成涤滥之音作，而民淫乱。”

次又说明乐器之影响于心理，说：“钟声铿，铿以立号，号以立横，横以立武，君子听钟声，则思武臣；石声磬，磬以立辨，辨以致死，君子听磬声，则思封疆之臣；丝声哀，哀以立廉，廉以立志，君子听琴瑟之声，则思志义之臣；竹声滥，滥以立会，会以聚众，君子听竽笙箫管之声，则思畜聚之臣；鼓鼙之声欢，欢以立动，动以进众，君子听鼓鼙之声，则思将帅之臣。”

这些互相关系，虽因未曾一一实验，不能确定为不可易的理论；然而声音与心理有互相影响的作用，这是我们所能公认的。

《考工记》：“梓人为笋虡，……厚唇弇口，出目短耳，大胸燿后，大体短脰，若是者谓之赢属；恒有力而不能走，其声大而宏。有力而不能走，则于任重宜；大声而宏，则于钟宜。若是以为钟虡，是故击其所县，而由其虡鸣。锐喙决吻，数目顧脰，小体骞腹，若是者谓之羽属；恒无力而轻，其声轻阳而远闻；无力而轻，则于任轻宜；其声清阳而远闻，于磬宜；若是者以为磬虡；故击其所县，而由其虡鸣。小首而长，抟身而鸿，若是者谓之鳞属，以为笋。凡攫閷援簭之类，必深其爪，出其目，作其鳞之而。深其爪，出其目，作其鳞之而，则其眡必拨尔而怒；苟拨尔而怒，则于任重宜，且其匪色必似鸣矣。爪不深，目不出，鳞之而不作，则必颓尔如委矣；苟颓尔如委，则加任焉，则必如将废措，其匪色必似不鸣矣。”

这是象征的作用，而且视觉与听觉的关联，幻觉在美学上的价值，都看得很透彻了。

自汉以后，有《文心雕龙》《诗品》《诗话》《词话》《书谱》《画鉴》等书，又诗文集、笔记中，亦多有评论诗文书画之作，间亦涉建筑、雕塑与其他工艺美术，亦时有独到的见解；然从未有比较贯串编成系统的。所以我国不但无美学的名目，而且并无美学的雏型。

在欧洲的古代，也是如此。希腊哲学家，如柏拉图、亚里士多德等，已多有关于美术之理论。但至十七世纪（应是十八世纪），有鲍格登（Baumgarten）用希腊文“感觉”等名其书，专论美感，以与知识对待，是为“美学”名词之托始。至于康德，始确定美学在哲学上之地位。

康德先作纯粹理性批评，以明知识之限界；次又作实践理性批评，以明道德之自由；终乃作判断力批评，以明判断力在自然限界中之相对的自由，而即以是为结合纯粹理性与实践理性之作用。又于判断力中分为决定的判断与审美的判断，前者属于目的论的范围，后者完全是美学上的见解。

康德对于美的定义，第一是普遍性。盖美的作用，在能起快感；普通感官的快感，多由于质料的接触，故不免为差别的；而美的快感，专起于形式的观照，常认为普遍的。

第二是超脱性。有一种快感，因利益而起；而美的快感，却毫无利益的关系。

他说明优美、壮美的性质，亦较前人为详尽。

自有康德的学说，而在哲学上美与真善有齐等之价值，于是确定，与论理学、伦理学同占重要的地位，遂无疑义。

然在十九世纪，又有费希耐氏，试以科学方法治美学，谓之自下而上的美学，以与往昔自上而下的美学相对待，是谓实验美学。费氏用三种方法，来求美感的公例：一是调查，凡普通门、窗、箱、匣、信笺、信封等物，求其纵横尺度的比较；二是装置，剪纸为纵横两画，令多数人以横画置直画上，成十字，求其所制地位之高下；三是选择，制各种方形，自正方形始，次列各种不同之长方形，令多数人选取之，看何式为最多数。其结果均以合于截金术之比例者为多。

其后，冯德与摩曼继续试验，或对于色，或对于声，或对于文学及较为复杂之美术品，虽亦得有几许之成绩，然问题复杂，欲凭业经实验的条件而建设归纳法的美，时期尚早。所以现在治美学的，尚不能脱离哲学的范围。

费希耐尔于创设前述试验法外，更于所著自下而上的美学中，说明美感的条件有六：

第一，美感之阈。心理学上本有意识阈的条件，凡感触太弱的，感官上不生何等影响。美感也是这样，要引起美感的，必要有超乎阈上的印象。例如，微弱的色彩与声音、习见习闻的装饰品，均不足以动人。

第二，美的助力。由一种可以引起美感的对象，加以不相反而相成的感印，则美感加强。例如，徒歌与器乐，各有美点，若于歌时以相当的音乐配起来，更增美感。

第三，是复杂而统一。这是希腊人已往发见的条件，费氏经观察与试验的结果，也认为重要的条件。统一而太简单，则乏味；复杂而不相联属，则讨厌。

第四，真实。不要觉得有自相冲突处，如画有翼的天使，便要是能飞的翼。

第五，是明白。对于上面所说的条件，在意识上很明白的现出来。

第六，是联想。因对象的形式与色彩，而引起种种记忆中的关系，互相融和。例如，见一个意大利的柑子，形式是圆的，色彩是黄的，这固然是引起美感的了；然而若联想到他的香味，与他在树上时衬着暗绿的叶，并且这树是长在气候很好的地方，那就是增加了不少的美感。若把这个柑子换了一个圆而黄的球，就没有这种联想了。

从费希耐创设实验法以后，继起的不少。

惠铁梅氏（Lightner Witmer）把费氏用过的十字同方形，照差别的大小排列起来，让看的人或就相毗的两个比较，或就列上选择，说出那个觉得美，那个觉得不美。这与费氏的让人随便选择不同了。他的结果，在十字上，两端平均的，不平均而按着截金术的比例的，觉得美；毗连着截金术的比例的，尤其毗连着平均的，觉得不美，觉得是求平均而不得似的。在方形上，是近乎正方形与合于截金术比例的长方形，觉得美；与上两种毗连的觉得不美，而真正的正方形，也是这样（这是视觉上有错觉的缘故）。

射加尔（Jacob Segal）再退后一步，用最简单的直线来试验，直立的，横置的，各种斜倾的。看的人对于直立的，觉得是自身独立的样子；对于斜倾的，觉得是滑倒的样子，就引起快与不快的感情，这就是感情移入的关系。

科恩（J. Cohn）在并列的两个小格子上填染两种饱和的色彩，试验起来，是对称色并列的是觉得美的，并列着类似的色彩是觉得不美的。又把色彩与光度并列，或以种种不同的光度并列，也都是差度愈大的愈觉得美。但据伯开氏（Einma Baker）及基斯曼氏（A. Kirschmann）的修正，近于相对色的并列，较并列真正相对色觉得美一点。依马育氏（Major）及梯此纳氏（Titchener）的试验，并列着不大饱和的色彩觉得比很饱和的美一点。

韬氏（Thown）与白贝氏（Barber）用各种饱和程度不同的色与光度并列，试验后觉得红蓝等强的色，以种种浓淡程度与种种不同程度的灰色相配，是美的；黄绿等弱的，与各度的灰色并列，是不美的。

摩曼氏（Meumann）把并列而觉为不美的两色中间，选一种适宜的色彩，很窄的参在两色的中间，就觉得美观，这可以叫作媒介色。又就并列而不美的两色中，把一色遮住若干，改为较狭的，也可以改不美为美。

摩曼氏又应用在简单的音节上。在节拍的距离，是以四分之四与四分之三为引起快感的。又推而用之于种种的音与种种的速度。

雷曼（Alfred Lehmann）用一种表现的方法，就是用一种美感的激刺到受验的人，而验他的呼吸与脉搏的变动。马汀氏（Fränlein Martin）用滑稽的图画示人而验他的呼吸的差度。苏尔此（Rudolf Schulze）用十二幅图画，示一班学生，用照相机摄取他们的面部与身体不等的动状。

以上种种试验法，都是在赏鉴者一方面，然美感所涉，本兼被动、主动两方面。主动方面，即美术学著作的状况。要研究著作状况，也有种种方法。摩曼氏所提出的有七种：

（一）搜集著作家的自述　美术家对于自己的创作，或说明动机，或叙述经过，或指示目的。文学的自序，诗词的题目，图画的题词，多有此类材料。

（二）设问　对于美术家著作的要点，设为问题，征求各美术家的答案，可以补自述之不足。

（三）研究美术家传记　每一个人的特性、境遇，都与他的作品有关。以他一生的事实与他的作品相印证，必有所得。

（四）就美术品而为心理的分析 美术家的心理，各各不同，有偏重视觉的，有偏重听觉的，有偏于具体的事物的，有偏于抽象的概念的；有乐观的，有厌世的；可就一人的著作而详为分析，作成统计；并可就几人的统计而互相比较。例如，格鲁斯与他的学生曾从鞠台（Goethe）、希雷尔（Schiller）、莎士比亚（Shakespeare）、淮革内尔（Wagner）等著作中，作这种研究，看出少年的希雷尔，对于视觉上直观的工作，远过于少年的鞠台；而淮革内尔氏对于复杂的直观印象的工作，亦远过于鞠台。又有人以此法比较诗人用词的单复，看出莎士比亚所用的词，过于一万五千；而密尔顿（Milton）所用，不及其半。这种统计，虽然不过美术家特性的一小部分，然积累起来，就可以窥见他的全体了。

（五）病理上的研究 意大利病理学家龙伯罗梭（Lombroso）曾作一文，叫作《天才与病狂》。狄尔泰（Dilthey）也提出诗人的想象力与神经病。神经病医生瞒毗乌斯（P. J. Mobius）曾对于最大的文学家与哲学家为病理的研究，如鞠台、叔本华、卢梭、绥弗尔（Scheffel）、尼采等，均有病象可指。后来分别研究的，也很有许多。总之，出类拔萃的天才，他的精力既为偏于一方的发展，自然接近于神经异常的界线。所以病理研究，也是探求特性的一法。

（六）实验 自实验心理进步，有一种各别心理的试验，对于美术家，也可用这种方法来实验。例如，表象的方法，想象的能力对于声音或色彩或形式的记忆力，是否超越常人，是可以试验的。凡图画家与雕像家，常有一种偏立的习惯，或探求个性，务写现实；或抽取通性，表示范畴。我们可以用变换的方法来试验。譬如，第一次用一种对象，是置在可以详细观察的地位，使看的人没有一点不可以看到的，然后请他们描写出来。又一次是置在较远的地位，看的人只可以看到重要的部分，然后请他们描写。那么，我们就可以把各人两次的描写来比较：若是第一次描写得很详细，而第二次描写得粗略，那就是美术家的普通习惯；若是两次都写得很详细，或两次都描得很粗略，那就是偏于特性的表现了。

（七）自然科学的方法　用进化论的民族学的比较法，来探求创造美术的旨趣。我们从现在已发达的美术，一点点的返溯上去，一直到最幼稚的作品，如前史时代的作品，如现代未开化人的作品，更佐以现代儿童的作品。于是美术的发生与进展，且纯粹美感与辅助实用的区别，始有比较讨论的余地。

上述七种方法，均为摩曼氏所提出。合而用之，对于美术家工作的状况，应可以窥见概略。

（1921 年作）

美学的趋向

一　主义

在美学史上，各家学说，或区为主观论与客观论两种趋向。但美学的主观与客观，是不能偏废的。在客观方面，必须具有可以引起美感的条件；在主观方面，又必须具有感受美的对象的能力。与求真的偏于客观，求善的偏于主观，不能一样。试举两种趋向的学说，对照一番，就可以明白了。

美学的先驱，是客观论，因为美术上著作的状况，比赏鉴的心情是容易研究一点，因为这一种研究，可以把自然界的实体作为标准。所以，客观论上常常缘艺术与实体关系的疏密，发生学说的差别。例如，自然主义，是要求艺术与实体相等的；理想主义，是要求艺术超过实体的；形式主义，想象主义，感觉主义，是要求艺术减杀实体的。

自然主义并不是专为美术家自己所倚仗的，因为美术家或者并不注意于把他所感受的照样表示出来；而倒是这种主义常为思想家所最易走的方向。自然主义，是严格的主张美术要酷肖实体的。伦理学上的乐天观，本来还是问题；抱乐天观的，把现实世界作为最美满的，就能把疏远自然的游艺，不必待确实的证据就排斥掉么？自然主义与乐天观的关系，是一方面，与宗教信仰的关系，又是一方面。若是信世界是上帝创造的，自然是最美的了；无怪乎艺术的美，没有过于模仿自然的了。

这种世界观的争论，是别一问题。我们在美学的立足点观察，有种种对于自然主义的非难：第一，把一部分的自然很忠实的写出来，令人有一种不关美学而且与观察原本时特殊的情感。例如逼真的蜡人，引起惊骇，这是非美学的，而且为晤见本人时所没有的。第二，凡是叫作美术，总比实体要减杀一点。例如风景画，不能有日光、喧声、活动与新鲜的空气。蜡人的面上、手上不能有脂肪。石膏型的眼是常开的；身体上各部分容量的变动与精神的经历相伴的，决不能表示。又如我们看得到的骚扰不安的状态，也不是美术所能写照的。第三，我们说的类似，决不是实物的真相。例如滑稽画与速写画，一看是很类似对象的，然而决不是忠实的描写。滑稽画所写的是一小部分的特性；速写是删去许多应有的。我们看一幅肖像，就是美术家把他的耳、鼻以至眼睛，都省略了，而纯然用一种颜色的痕迹代他们，然而我们还觉得那人的面貌，活现在面前。各派的画家，常常看重省略法。第四，再最忠实的摹本，一定要把美术家的个性完全去掉，这就是把美术的生命除绝了。因为美术家享用，是于类似的娱乐以外，还有一种认识的愉快同时并存的。

然而自然主义的主张，也有理由。一方面是关乎理论的，一方面是关乎实际的。在理论方面，先因有自然忠实与实物模拟的更换。在滑稽画与速写画上已看得出自然印象与实物模拟的差别。这种不完全或破碎的美术品，引出对于“自然忠实”语意的加强。然自然主义家若说是自然即完全可以用描写的方法重现出来，是不可能的事。不过美术上若过于违异自然，引起一种“不类”的感想，来妨害赏鉴，这是要避免的。

自然主义所依据的，又有一端，就是无论什么样理想高尚的美术品，终不能不与生活状况有关联。美术上的材料，终不能不取资于自然。然而这也不是很强的论证。因为要制一种可以满足美感的艺术，一定要把所取的材料，改新一点，如选择、增加或减少等。说是不可与经验相背，固然有一种范围，例如从视觉方面讲，远的物象，若是与近的同样大小，这自然是在图画上所见不到的。却不能因主张适合经验而说一种美术品必要使看的、听的或读的可以照样去实行。在美术上，常有附翼的马与半人半马的怪物，固然是用实物上所有的材料集合起来的；然而美术的材料，决不必以选择与联结为制限；往往把实现的事物，参错改变，要有很精细的思路，才能寻着他的线索。如神话的、象征的美术，何尝不是取材于经验，但不是从迹象上看得的。

自然主义对于外界实物的关系，既然这样，还要补充一层，就是他对于精神的经历，一定也应当同等的描写出来。然而最乐于实写感情状况的，乃正是自然主义的敌手。抒情诗家，常常把他的情感极明显而毫无改变的写出来，他的与自然主义，应当比理想主义还要接近一点了。这么看来，自然主义，实在是一种普遍的信仰，不是一种美术家的方向。这个区别是很重要的。在美术史上，有一种现象，我们叫作自然主义的样式，单是免除理论的反省时，才可以用这个名义。核实的讲起来，自然主义，不过是一种时期上侵入的实际作用，就是因反对抽象的观念与形式而发生的。他不是要取现实世界的一段很忠实的描写，而在提出一种适合时代的技巧。因为这以前一时期的形式，显出保守性，是抽象的，失真的；于是乎取这个旧时代的美所占之地位，而代以新时代的美，就是用“真”来攻击“理想狂”。人类历史上常有的状况，随着事物秩序的变换而文化界革新，于是乎发见较新的价值观念与实在的意义，而一切美术，也跟着变动。每个美术家目睹现代的事物，要把适合于现代的形式表白出来，就叫作自然派。这种自然派的意义，不过是已死的理想派的敌手。凡是反对政府与反对教会的党派，喜欢用唯物论与无神论的名义来制造空气；美术上的反对派，也是喜欢用自然主义的名义，与他们一样。

从历史上看来，凡是自然派，很容易选择到丑怪与鄙野的材料。这上面第一个理由，是因为从前的美术品，已经把许多对象尽量的描写过了，而且或者已达到很美观的地步了。所以，在对待与独立的情感上，不能不选到特殊的作品。第二个理由，是新发明的技巧，使人驱而于因难见巧的方向，把不容易着手的材料，来显他的长技。这就看美术家的本领，能不能把自然界令人不快的内容，改成引起快感的艺术。自然是无穷的，所以能把一部分不谐适的内容调和起来。美术上所取的，不过自然的一小片段，若能含有全宇宙深广的意义，那就也有担负丑怪的能力了。

在这一点上，与自然派最相反对的，是理想派。在理想派哲学上，本来有一种假定，就是万物的后面，还有一种超官能的实在；就是这个世界不是全从现象构成，还有一种理性的实体。美学家用这个假定作为美学的立足点，就从美与舒适的差别上进行。在美感的经历上，一定有一种对象与一个感受这对象的“我”，在官觉上相接触而后起一种快感。但是这种经历，是一切快感所同具的。我们叫作美的，一定于这种从官能上传递而发生愉快的关系以外，还有一点特别的；而这个一定也是对象所映照的状况。所以美术的意义，并不是摹拟一个实物；而实在把很深的实在，贡献在官能上；而美的意义，是把“绝对”现成可以观照的形式，把“无穷”现在“有穷”上，把理想现在有界的影相上。普通经验上的物象，对于他所根据的理想，只能为不完全的表示；而美术是把实在完全呈露出来。这一派学说上所说的理想，实在不外乎一种客观的普通的概念，但是把这个概念返在观照上而后见得是美。他的概念，不是思想的抽象，而是理想所本有的。

照理想派的意见，要在美术品指出理想所寄托的点，往往很难。有一个理想家对于静物画的说明，说：“譬如画中有一桌，桌上有书，有杯，有卷烟匣等等。若书是合的，杯是空的，匣是盖好的，那就是一幅死的画。若是画中的书是翻开的，就是仅露一个篇名，看画的人，也就读起来了。”这是一种很巧妙的说明。然而，美术家神妙的作品，往往连自己都说不出所以然。Philipp Otto Runge 遇着一个人，问他所以画日时循环表的意义，他对答道：“设使我能说出来，就不用画了。”Mendelssohn 在一封信里面说：“若是音乐用词句说明，他就不要再用乐谱的记号了。”

真正美术品，不能从抽象的思想产出。他的产出的机会，不是在思想的合于论理，而在对于激刺之情感的价值。理想固然是美术上所不可缺的，然而他既然凭着形式、颜色、声音表示出来，若是要理解他，只能靠着领会，而不能靠着思想。在实际的内容上，可以用概念的词句来解释。然而，美术品是还有一点在这个以外的，就是属于情感的。

注重于情感方面的是形式派。形式派的主张，美术家所借以表示的与赏鉴的、所以受感动的，都不外乎一种秩序，就是把复杂的材料，集合在统一的形式上。美学的了解，不是这是什么的问题，而是这是怎样的问题。在理想派，不过把形式当作一种内容的记号；而形式派，是把内容搁置了。不但是官能上的感觉，就是最高的世界观，也置之不顾。他们说，美是不能在材料上求得的，完全在乎形式与组合的均适，颜色与音调的谐和。凡有一个对象的各部分，分开来，是毫没有美学上价值的。等到连合起来了，彼此有一种关系了，然后发生美学上价值的评判。

要是问形式派，为什么有一种形式可以生快感，而有一种不能？普通的答案，就是以明了而易于理解的为发生快感的条件。例如，谐和的音节有颤动数的关系；空间部分要均齐的分配；有节奏变拍要觉得轻易的进行，这都是可以引起快感而与内容没有关系的。

但是，这种完全抽象的理论，是否可以信任，是一问题。例如复杂而统一，是形式上最主要的条件；但是，很有也复杂而也统一的对象，竟不能引起快感的，这是什么缘故？一种形式与内容的美术品，要抽取他一部分，而使感觉上毫不受全体的影响，是不可能的事；各部分必不免互相映照的。

形式论是对于实物的全体而专取形式一部分，是数量的减杀；又或就实物的全体而作程度的减杀，这是专取影相的幻想派。他以为现实世界的影相是美术上唯一的对象，因为影相是脱去艰难与压迫，为无穷的春而不与自然的苛律生关系。美的对象，应当对于生活的关系，毫没有一点顾虑，而专对于所值的效为享用。我们平常看一种实物，一定想到他于我有什么用处，而且他与其他实物有何等关联，而在美的生活上要脱去这两种关系。我们的看法，不是为我们有利益，也不是为与他物有影响。他把他的实际消灭了而只留一个影相。由影相上所发生之精神的激刺，是缺少意志作用的。所以在享用的精神上发生情感，有一点作用而比实际上是减杀了。这种影相，较之实际上似乎减杀，而在评判上，反为加增，因为我们认这影相的世界为超过实际而可爱的理想世界。

这种影相论，一转而为美的感觉论，就更为明了。因为影相论的代表，于美的独立性以外，更注重于感受的作用。他不但主张美的工作有自己的目的，而且主张从美的对象引起自己的快感以后，就能按照所感受的状况表示出来。凡人对于所感受的状况，常常觉得是无定的，而可以任意选择；一定要渡到概念上，才能固定。然而一渡到概念的固定，就是别一种的心境，把最初的观照放弃了。现在就有一问题，是不是最初的观照，也可以增充起来，到很清楚很安静的程度？感觉论者说是可以的，就凭寄在美术上。美术是把观照上易去的留住了，流动的固定了，一切与观照连带的都收容了，构成一种悠久的状况。凡是造形美术，都是随视觉的要求而能把实物上无定的形式与色彩之印象，构成有定的实在。例如造像家用大理石雕一个人的肖像，他从那个人所得来的，不过形式；而从材料上所得的，不过把所见的相可以到稳定表示的程度。

每一种造形美术，一定要有一个统一的空间；像人的视觉，虽远物，也在统一的空间上享受的。在画家，必须从他的视域上截取一部分，仿佛于四周加一边框的样子；而且觑定一个空间的中心点；并且他所用的色彩，也并不是各不相关的点块，而有互相映照的韵调。他们从远近物相的感受与记忆的表象，而得一空间的色彩的综合，以形为图画的。在概念的思想家，从现实的屡变之存在形式上，行抽象作用，得到思想形式；而美术家，从静静儿变换而既非感受所能把捉，也非记忆所能固定的影相上，取出观照的普遍的美术形式。他们一方面利用自然界所传递的效力而专取他的形式，用为有力的表示；一方面又利用材料的限制，如画板只有平面，文石只有静相等，而转写立体与动状，以显他那特殊的技巧。

在这种理论上，已不仅限于客观方面，而兼涉主观问题。因为我们所存想的事物，虽不能没有与表象相当的客体，而我们所感受的声音或色彩，却不但物理的而兼为心理的。所以从感受方面观察，不但不能舍却主观，而实融合主、客为一体。这种融合主、客的见解，在美学上实有重大意义。现在我们可以由客观论而转到主观论方面了。

主观派的各家，除感情移入论等一、二家外，大多数是与客观派各派有密切关系的。客观派中的影相论，尤是容易引入主观派的。他的问题：意识上那一种的状况是可以用影相来解决的？他的答案：是脱离一切意志激动的。这就是“没有利益关系的快感”与“不涉意志的观点”等理论所演出的。这一种理论，是把美的享用与平常官体的享用，分离开来。官能的享受，是必要先占有的，例如，适于味觉的饮食，适于肤觉的衣料，适于居住的宫室等。美的享用，完全与此等不同。是美的感动与别种感动不但在种类上、而且在程度上不同。因为美的感动，是从人类最深处震荡的，所以比较的薄弱一点。有人用感觉的与记忆的两种印象来证明。记忆的印象，就是感觉的再现，但是远不如感觉的强烈，是无可疑的。美的情感，是专属于高等官能的印象，而且是容易移动的样子。他的根基上的表象，是常常很速的经过而且很易于重现；他自己具有一种统一性，而却常常为生活的印象所篡夺，而易于消失。因为实际的情感，是从经验上发生，而与生活状况互相关联为一体；理想的情感，乃自成为一世界的。所以持久性的不同，并不是由于情感的本质，而实由于生活条件的压迫，就是相伴的环境。我们常常看到在戏院悲剧的末句方唱毕，或音乐场大合奏的尾声方颤毕，而听众已争趋寄衣处，或互相谐谑，或互相争论，就毫没有美的余感了。我们不能说这种原因就在影相感情上，而可以说是那种感情，本出于特别的诱导，所以因我们生活感想的连续性窜入而不能不放弃。

还有一种主观上经历的观察，与影相论相当的，是以影相的感情与实际的感情为无在不互相对待的。古代美学家本有分精神状况为两列，以第一列与第二列为同时平行的，如Fichte的科学论，就以这个为经验根本的。现代的Witaseks又继续这种见解。他说心理事实的经过，可分作两半；每一经过，在这半面的事实，必有一个照相在那半面。如感觉与想象，判断与假定，实际的感情与理想的感情，严正的愿望与想象的愿望都是。假定不能不伴着判断，但是一种想象的判断，而不是实际的。所以在假定上的感情，是一种影相的感情，他与别种感情的区别，还是强度的减杀。这一种理论上，所可为明显区别的，还是不外乎实际感情与影相感情，就是正式的感情与想象的感情。至于判断与假定的对待说，很不容易贯彻。因为想象的感情，也常常伴着判断，并不是专属于假定。当着多数想象的感情发生的机会，常把实物在意识上很轻松的再现，这并非由知识的分子而来。而且在假定方面，也很有参入实际感情的影响的。快与不快，就是在假定上，也可以使个人受很大的激刺，而不必常留在想象的、流转的状况。所以，我们很不容易把想象感情分作互相对待的两种。因为我们体验心里的经过，例如在判断上说，这个对象是绿的；在假定上说，这对象怕是绿的。按之认识论，固然不同，而在心理上，很不容易指出界限来。

影相感情的说明，还以感觉论的影相说为较善，因为彼是以心理状况为根据的。我们都记得，美术品的大多数，只能用一种觉官去享受他，很少有可以应用于多种觉官的。若实物，就往往可以影响于吾人全体的感态。例如一朵蔷薇花，可以看，可以摸，可以嗅，可以味，可以普及于多数觉官，这就是实物的特征。然而一朵画的蔷薇花，就只属于视觉，这就是失掉实物的特性了。我们叫作影相的，就是影响于一种觉官，而不能从他种觉官上探他的痕迹。他同小说上现鬼一样，我们看到他而不能捉摸，我们看他进来了，而不能听到他的足音；我们看他在活动，而不能感到空气的振动。又如音乐，是只可以听到，或可以按着他的节拍而活动，而无关于别种觉官。这些美术的单觉性，就可以证明影相的特性。这种影相的单觉性与实物的多觉性相对待，正如镜中假象与镜前实体之对待，也就如想象与感觉的对待。感觉是充满的，而想象是抽绎的。譬如我想到一个人，心目上若有他面貌的一部分，或有他一种特别的活动，决不能把他周围的状况都重现出来，也不能听到他的语音。在想象上，就是较为明晰的表相，也比较最不明晰的感觉很简单，很贫乏。

在客观论上，影相论一转而为幻想论。幻想的效力，是当然摄入于精神状态的。而且，这种状态的发生，是在实物与影相间为有意识的自欺，与有意向的继续的更迭。这种美的享受，是一种自由的有意的动荡在实在与非实在的中间。也可以说是不绝的在原本与摹本间调和的试验。我们若是赏鉴一种描写很好的球，俄而看作真正的球，俄而觉得是平面上描写的。若是看一个肖像，或看一幅山水画，不作为纯粹的色彩观，也不作为真的人与山水观，而是动荡于两者的中间。又如在剧院观某名伶演某剧的某人，既不是执着于某伶，也不是真认为剧本中的某人，而是动荡于这两者的中间。在这种情状上，实际与影相的分界，几乎不可意识了。是与否、真与假、实与虚的区别，是属于判断上，而不在美的享用上的。

美的融和力，不但泯去实际与影相的界限，而且也能泯去外面自然与内面精神的界限，这就是感情美学的出发点。感情美学并不以感情为只是主观的状态，而更且融入客观，正与理想派哲学同一见解。照 Fichte 等哲学家的观察，凡是我们叫作客观的事物，都是由“我”派分出去的。我们回溯到根本上的“我”，就是万物皆我一体。无论何种对象，我都可以游神于其中，而重见我本来的面目，就可以引起一种美的感情，这是美学上“感情移入”的理论。这种理论，与古代拟人论（Anthropomorphismus）的世界观，也是相通的。因为我们要了解全世界，只要从我们自身上去体会就足了。而一种最有力的通译就是美与美术的创造。希腊神话中，有一神名 Narkissos，是青年男子，在水里面自照，爱得要死。正如冯小青“对影自临春水照，卿须怜我我怜卿”一样。在拟人论的思想，就是全自然界都是自照的影子。Narkissos 可以算是美术家的榜样的象征。在外界的对象上，把自己的人格参进去，这就是踏入美的境界的初步。所以，美的境界，从内引出的，比从外引进的还多。我们要把握这个美，就凭着我们精神形式的生活与发展与经过。

最近三十年，感情移入说的美学，凭着记述心理学的助力，更发展了。根本上的见解，说美的享受在自己与外界的融和，是没有改变。但说明“美的享受”所以由此发生的理由，稍稍脱离理想哲学与拟人论的范围。例如 R. Vischer 说视觉的形式感情，说我们忽看到一种曲线，初觉很平易的进行，忽而像梦境的郁怒，忽而又急遽的继续发射。又如 Karl du Prel 说抒情诗的心理，说想象的象征力，并不要把对象的外形，作为人类的状态；只要有可以与我们的感想相应和的，就单是声音与色彩，也可以娱情。诗人的妙想，寄精神于对象上，也不过远远的在人类状况上想起来的。较为明晰的，是 H. Lotze 的说音乐。他说我们把精神上经过的状况移置在音乐上，就因声音的特性而愉快。我们身上各机关的生长与代谢，在无数阶级的音程上，从新再现出来。凡有从一种意识内容而移到别种的变化，从渐渐儿平滑过去的而转到跳越的融和，都在音乐上从新再现出来。精神上时间的特性，也附在声音上。两方的连合是最后的事实的特性。若是我的感态很容易的在音乐的感态上参入去，那就在这种同性与同感上很可以自娱了。我们的喜听音乐，就为他也是精神上动作的一种。

在各家感情移入说里面，以 Theodor Lipps 为最著名。他说感情移入，是先用类似联想律来解释音节的享受。每种音节的分子或组合，进行到各人的听觉上，精神上就有一种倾向，要照同样的节奏进行。精神动作的每种特别节奏，都向着意识经过的总体而要附丽进去。节奏的特性，有轻松，有严重，有自由，有连带，而精神的经过，常能随意照他们的内容为同样的振动。在这种情形上，就发生一种个人的总感态，与对象相应和。因为他是把所听的节奏誊录过来，而且直接的与他们结合。照 Lipps 的见解，这种经过，在心理学上的问题，就是从意识内容上推论无意识的心理经过与他的效力，而转为可以了解的意识内容。若再进一步，就到玄学的范围。Fichte 对于思想家的要求，是观察世界的时候，要把一切实物的种类都作人为观；而 Lipps 就移用在美的观赏上；一切静止的形式，都作行动观。感情移入，是把每种存在的都变为生活，就是不绝的变动。Lipps 所最乐于引证的，是简单的形式。例如对一线，就按照描写的手法来运动，或迅速的引进而抽出，或不绝的滑过去。但是，对于静止的线状，我们果皆作如是观么？设要作如是观，而把内界的经过都照着线状的运动，势必以弧曲的蜿蜒的错杂的形式，为胜于径直的正角的平行的线状了。而美的观赏上，实不必都变静止为活动，都把空间的改为时间的。例如一幅图画的布置，若照横面安排的，就应用静止律。又如一瞥而可以照及全范围的，也自然用不着运动的作用。

Lipps 分感情移入为二种：一积极的，一消极的。积极的亦名为交感的移入，说是一种自由状况的快感。当着主观与客观相接触的时候，把主观的行动融和在客观上。例如对于建筑的形式上，觉得在主观上有一种轻便的游戏，或一种对于强压的抵消，于是乎发生幸福的情感。这种幸福的情感，是一种精神动作的结局。至于美的对象，是不过使主观容易达到自由与高尚的精神生活就是了。依 Volkelt 的意见，这一种的主观化，是不能有的，因为感情移入，必要把情感与观点融和起来；而对象方面，也必有相当的状况，就是内容与形式的统一。且 Lipps 所举示的，常常把主观与客观作为对谈的形式，就是与外界全脱关系，而仅为个人与对象相互的关系；其实，在此等状况上，不能无外界的影响。

据 EmmaV. Ritook 的报告，实验的结果，有许多美感的情状，并不含有感情移入的关系。就是从普通经验上讲，简单的饰文，很有可以起快感的，但并不待有交感的作用。建筑上如峨特式寺院、罗科科式厅堂等，诚然富有感态，有代表一种精神生活的效力；然如严格的纪念建筑品，令我们无从感入的，也就不少。

至于 Lipps 所举的消极的感情移入，是指不快与不同感情的对象，此等是否待感情移入而后起反感，尤是一种疑问。

所以，感情移入的理论，在美的享受上，有一部分可以应用，但不能说明全部，存为说明法的一种就是了。

二　方法

十九世纪以前，美学是哲学的一部分，所以种种理论，多出于哲学家的悬想。就中稍近于科学的，是应用心理学的内省法。美术的批评与理论，虽间有从归纳法求出的，然而还没有一个著美学的，肯应用这种方法，来建设归纳法的美学。直到一八七一年，德国 Gustav Theodor Fechner 发表《实验美学》（Zum experimentalen ästhetik）论文，及一八七六年发表《美学的预备》（Vors chule der ästhetik）二册，始主张由下而上的方法（归纳法），以代往昔由上而下的方法（演绎法）。他是从 Adolf Zeising 的截金法着手试验。而来信仰此法的人，就以此为美学上普遍的基本规则。不但应用于一切美术品，就是建筑的比例，音乐的节奏，甚而至于人类及动、植、矿物的形式，都用这种比例为美的条件。他的方法，简单的叙述，就是把一条线分作长短两截，短截与长截的比例，和长截与全线的比例，有相等的关系；用数目说明，就是五与八、八与十三、十三与二十一等等。F 氏曾量了多数美观的物品，觉得此种比例，是不能确定的。他认为，复杂的美术品，不必用此法去试验；只有在最简单的形式，如线的部分，直角、十字架、椭圆等等，可以推求；但也要把物品上为利便而设的副作用，尽数摆脱，用纯粹美学的根本关系来下判断。他为要求出这种简单的美的关系起见，请多数的人，把一线上各段的分截，与直角形各种纵横面的广狭关系上，求出最美观的判断来，然后列成统计。他所用的方法有三种：就是选择的，装置的，习用的。第一种选择法，是把各种分截的线，与各种有纵横比例的直角形，让被试验者选出最美的一式。第二种装置法，是让人用限定的材料，装置最感为美观的形式。例如装置十字架，就用两纸条，一为纵线，一为横线，置横线于纵线的那一部分，觉得最为美观，就这样装置起来。第三的习用法，是量比各种习用品上最简单的形式。F 氏曾试验了多种，如十字架、书本、信笺、信封、石板、鼻烟壶、匣子、窗、门、美术馆图画、砖、科科糖等等，凡有纵横比例的，都列出统计。他的试验的结果，在直角形上，凡正方及近乎正方的，都不能起快感；而纵横面的比例，适合截金法，或近乎此法的，均被选。在直线上，均齐的，或按截金法比例分作两截的，也被选。在十字架上，横线上下之纵线，为一与二之比例的被选。其余试验，F氏未尝发表。

F氏此种方法，最先为Wimdt氏心理实验室所采用。此后研究的人，往往取F氏的成法，稍加改良。Lightner Witmer仍取F氏所已经试验的截线与直角形再行试验，但不似F氏的随便堆积，让人选择；特按长短次序，排成行列。被试验的人，可以一对一对的比较；或一瞥全列，而指出最合意的与最不合意的。而且，他又注意于视官的错觉，因为我们的视觉，对于纵横相等的直角形，总觉得纵的方面长一点；对于纵线上下相等的十字架，总觉得上半截长一点。F氏没有注意到这种错觉，W氏新提出来的。W氏所求的结果：线的分截，是平均的，或按截金法比例的与近乎截金法比例的，均当选；独有近似平均的，最引起不快之感，因为人觉得是求平均而不得的样子。在直角形上，是近乎正方的，或按照截金法比例的，或近乎截金法比例的，均当选；而真的正方形，却起不快之感。

Jacob Segal又把W氏的法，推广一点。他不但如F氏、W氏的要求得美的普通关系，并要求出审美者一切经过的意识。F氏、W氏对于被试验者的发问，是觉得线的那一种方面的关系，或分截的关系，是最有快感的。S氏的发问，是觉得那一种关系是最快的，那一种是不很快的，那一种是不快的，那一种是在快与不快的中间的。这样的判断，是复杂得多了。而且，在F氏、W氏的试验法，被试验人所判断的，以直接作用为限；在S氏试验法，更及联想作用，因为他兼及形式的表示。形式的表示，就与感情移入的理论有关系。所以，F氏、W氏的试验法，可说是偏重客观的；而S氏的试验法，可说是偏重主观的。

S氏又推用此法于色彩的排比，而考出色彩上的感情移入，与形式上的不同，因为色彩上的感入，没有非美学的联想参入的。

S氏又用F氏的旧法，来试验一种直线的观察。把一条直线演出种种的姿势，如直立、横放与各种斜倚等，请被试验者各作一种美学的判断。这种简单的直线，并没有形学上的关系了；而美学的判断，就不外乎感情移入的作用。如直立的线，可以有坚定或孤立之感；横放的线，可以有休息或坠落之感；一任观察的人发布他快与不快的感情。

J. Cohn用F氏的方法，来试验两种饱和色度的排比，求得两种对待色的相毗是起快感的；两种类似色的相毗，是感不快的。而且用色度与明度相毗（明度即白、灰、黑三度），或明度与明度相毗，也是最强的对待，被选。Chown P. Barber用饱和的色度与不饱和的色度与黑、白等明度相毗，试验的结果，强于感人的色度，如红、蓝等，用各种饱和度配各种灰度，都是起快感的。若弱于感人的色度，如黄、绿等，配着各种的灰度，是感不快的。

Meumann 又用别的试验法，把相毗而感不快的色度，转生快感；就是在两色中间加一别种相宜色度的细条；或把两色中的一色掩盖了几分，改成较狭的。

Meumann 又用 F 氏的装置法，在音节上试验，用两种不同的拍子，试验时间关系上的快感与不快感。

Munstenberg 与 Pierce 试验空间的关系，用均齐的与不均齐的线，在空间各种排列上，有快与不快的不同。Stratton 说是受眼睛运动的影响。Kulpe 与 Gordon 曾用极短时间，用美的印象试验视觉，要求出没有到“感情移入”程度的反应。Max Major 曾用在听觉上，求得最后一音，以递降的为最快。

以上种种试验法，可说是印象法，因为都是从选定的美的印象上进行的。又有一种表现法，是注重在被试验人所表示的状况的。如 Alfred Lehmann 提出试验感情的方法，是从呼吸与脉搏上证明感情的表现。Martin 曾用滑稽画示人而验他们的呼吸。Rudolf Shulze 曾用十二幅不同性质的图画，示多数学生，而用照相机摄出他们看画时的面貌与姿势；令别人也可以考求何种图画与何种表现的关系。

据 Meumanm 的意见，这些最简单的美的印象的试验，是实验美学的基础，因为复杂的美术品，必参有美术家的个性；而简单印象，却没有这种掺杂。要从简单印象上作完备的试验，就要在高等官能上，即视觉听觉上收罗各种印象（在节奏与造像上也涉及肤觉与运动）。在视觉上，先用各种简单的或组合的有色的与无色的关系；次用各种简单的与组合的空间形式；终用各种空间形式与有色、无色的组合。在听觉上，就用音的连续与音的集合；次用节奏兼音的连续的影响。在这种简单印象上，已求得普遍的成绩，然后可以推用于复杂的美术品。

以上所举的试验法，都是在美的赏鉴上着想。若移在美的创造上，试验较难，然而 Meumann 氏也曾提出各种方法。

第一，是收集美术家关系自己作品的文辞，或说他的用意，或说他的方法，或说他所用的材料。在欧洲美术家、文学家的著作，可入此类的很多。就是中国文学家、书家、画家，也往往有此等文章，又可于诗题或题画诗里面摘出。

第二，是把美术品上有关创造的几点，都提出来，列成问题，征求多数美术家的答复。可以求出他们各人在自己作品上，对于这几点的趋向。

第三，是从美术家的传记上，求出他关于著作的材料。这在我们历史的文苑传、方技传与其他文艺家传志与年谱等，可以应用的。

第四，是从美术家著作上作心理的解剖，求出他个人的天才、特性、技巧与其他地理与时代等等关系。例如文学家的特性，有偏重观照的，就喜作具体的记述。有偏重悬想的，就喜作抽象的论说。有偏于视觉的，有偏于听觉的，有视觉、听觉平行的。偏于视觉的，就注重于景物的描写；偏于听觉的，就注重于音调的谐和。Karl Groos 曾与他的弟子研究英、德最著名的文学家的著作。所得的结果，Schiller 少年时偏于观照，远过于少年的 Goethe；Wagner 已有多数的观点，也远过于 Goethe。又如 Shakespeare 的著作，所用单字在一万五千以上，而 Milton 所用的，不过比他的半数稍多一点。这种研究方法，在我们的诗文集详注与诗话等，颇有近似的材料，但是没有精细的统计与比较。

第五，是病理学的参考。这是从美术家疾病上与他的特殊状态上，求出与天才的关系。意大利病理学家 Lombroso 曾于所著的《天才与狂疾》中，提出这个问题。近来继续研究的不少。德国撒克逊邦的神经病医生 P. Y. Mobius 曾对于文学家、哲学家加以研究：如 Goethe，Schopenhauer，Rousseau，Schiller，Nietzsche 等，均认为有病的征候，因而假定一切非常的天才，均因有病性紧张而驱于畸形的发展。这种假定，虽不免近于武断，然不能不认为有一种理由。其他如 Lombard 与 Lagriff 的研究 Maupassant，Segaloff 的研究 Dostojewsky，也是这一类。我们历史上，如祢衡的狂，顾恺之的痴，徐文长、李贽、金喟等异常的状态，也是有研究的价值的。

第六，是以心理学上个性实验法应用于美术家的心理。一方面用以试验美术家的天才，一方面用以试验美术家的技巧。如他们表象的模型，想象力的特性，记忆力的趋向，或偏于音乐，或偏于色相；观察力的种类，或无心的，或有意的；他们对于声音或色彩或形式的记忆力，是否超越普通人的平均度？其他仿此。

图画家、造像家技术上根本的区别，是有一种注意于各部分忠实的描写与个性的表现，又有一种注意于均度的模型。

有一试验法，用各种描写的对象，在不同的条件上，请美术家描写：有一次是让他们看过后，从记忆中写出来；有一次是置在很近的地位，让他们可以详细观察的；有一次是置在较远的地位，让他们只能看到大概。现在我们对于他们所描写的，可以分别考核了。他们或者无论在何种条件下，总是很忠实的把对象详细写出来，或者因条件不同而作各种不同的描写；就可以知道前者偏于美术上的习惯，而后者是偏于天赋了。

第七，是自然科学的方法，就是用进化史与生物学的方法，而加以人类学与民族心理学的参考。用各时代、各地方、各程度的美术来比较，可以求出美术创造上普遍的与特殊的关系。且按照 Hackel 生物发生原理，人类当幼稚时期，必重演已往的生物史，所以儿童的创造力，有一时直与初民相类。取儿童的美术，以备比较，也是这种方法里面的一端。

（1921 年所写《美学通论》的一章）

美学的对象

一　对象的范围

一讲到美学的对象，似乎美高、悲剧、滑稽等等，美学上所用的静词，都是从外界送来，不是自然，就是艺术。但一加审核，就知道美学上所研究的情形，大部分是关乎内界生活的，我们若从美学的观点，来观察一个陈设的花瓶，或名胜的风景，普通的民谣，或著名的乐章，常常要从我们的感触、情感、想象上去求他关联的条件。所以，美学的对象，是不能专属客观，而全然脱离主观的。

美术品是美学上主要的对象，而美术品被选于美术家，所以，美术家心理的经过，即为研究的对象。美术家把他的想象寄托在美术品上，在他未完成以前，如何起意？如何进行？虽未必都有记述，然而，我们可以从美术品求出他痕迹的，也就不少。

美术家的著作与赏鉴者的领会，自然以想象为主。然而美的对象，却不专在想象中，而与官能的感觉相关联。官能感觉，虽普通分为五种，而味觉、肤觉、臭觉，常为美学家所不取。味觉之文，于美学上虽间被借用，如以美学为味学（Gerhmackolehe），以美的评判为味的评判（Gerhmackurteil）等。吾国文学家也常有趣味、兴味、神味等语，属于美学的范围。但严格讲起来，这种都是假借形容，不能作为证据。臭觉是古代宗教家与装饰家早知利用，寺院焚香与音乐相类，香料、香水与脂粉同功，赏鉴植物的也常常香色并称，然亦属于舒适的部分较多。至于肤觉上滑涩精粗的区别，筋力上轻重舒缩的等差，虽也与快与不快的感情有影响，但接近于美的分子，更为微薄。要之，味觉、肤觉均非以官能直接与物质相切，不生影响。臭觉虽较为超脱，但亦借极微分子接触的作用，所以号为较低的官能。而美学家所研究的对象，大抵属于视觉、听觉两种。例如色彩及空间的形式，声音及时间的继续，以至于观剧、读文学书。美学上种种问题，殆全属于视、听两觉。

美术中，如图画、音乐，完全与实用无关，固然不成问题。建筑于美观以外，尚有使安、坚固的需要。又如工艺美术中，或为衣服材料，或为日常用具，均有一种实际上应用的目的；在美学的眼光上，就不能不把实用的关系，暂行搁置，而专从美观的一方面，加以评判。

美学家间有偏重美术，忽视自然美的一派，Hegel 就是这样，他曾经看了 Grindwald 冰河，说是不外乎一种奇观，却于精神上没有多大的作用。然而美术的材料，大半取诸自然。我们当赏鉴自然美的时候，常觉有无穷的美趣，不是美术家所能描写的。就是说，我们这一种赏鉴，还是从赏鉴美术上练习而得，然而自然界不失为有一种被赏鉴的资格，是无疑的。

反过来，也有一种高唱自然美、薄视艺术的一派，例如 Wilkelm Hernse 赏兰因瀑布的美，说无论 Tiziaen、Rubens、Vernonese 等，立在自然面前，只好算是最幼的儿童，或可笑的猿猴了。又如 Heinrich V. Salisch 作森林美学，曾说森林中所有的自然美，已经超过各种陈列所的价值不知若干倍，我们就是第一个美术院院长。当然，自然上诚有一种超过艺术的美；然而，艺术上除了声色形式，与自然相类以外，还有艺术家的精神，寄托在里面。我们还不能信这个自然界，是一个无形的艺术家所创造的；我们就觉得艺术上自有一种在自然美以外独立的价值。

人体的美，在静的方面，已占形式上重要地位。动的方面，动容出辞，都有雅、俗的区别。由外而内，品性的高尚与纯洁，便是美的一例。由个人的生活而推到社会的组织，或宁静而有秩序，或奋激而促进步，就是美与高的表现，这都不能展在美学以外的。

二　调和

声音与色彩，都有一种调和的配合。声音的调和，在自然界甚为罕遇；而色彩的调和，却常有的。声音的调和，当在别章推论，请先讲色彩的调和。

色彩的配置，有两种条件：一浓淡的程度，二是联合的关系。配置声音的，几乎完全自主；而配置色彩的，常不能不注意于自然的先例。有一种配合，或者在美的感态上，未必适宜；然而因在自然界常常见到的缘故，也就不觉得龃龉。而且因为色彩的感与实物印象的感，成为联想，就觉得按照实物并见的状况，是适当的。例如暗红与浓绿，似乎不适并置的；然而暗红的蔷薇与它那周围的绿叶，我们不知道看过多少次了，而我们不适的感觉，就逐渐磨钝了。若在别种实物的图画上，按照这种色彩配置起来，也必能与常见实物的记忆成为联想，而觉为可观。但若加以注意，使审察的意识，过于复验，就将因物体差别的观念阻碍欣赏；或者使前述的联想，不过成为一种随着感态的颤动而已。所以习惯的势力，不过以美术上实想自然物色彩的范围为限。

但是实写自然物，也有不能与自然物同一的条件。在自然上，常有一种微微变换的光度，助各种色彩的调和；在美术上就不能不注意于各种色彩的本体。照心理学实验的结果，知道纯是饱和的色彩，与用中性的灰色伴着的色彩，很有不同的影响。又知道鲜明闪烁的色彩，若伴着黯淡的、浑浊的光料，反觉美观；而伴着别种精细的色彩，转无快感。驳杂的色彩，是不调和的。钻石、珐琅、孔雀尾、烟火等等，光彩炫眼，不能说是不美，而不能算是调和。凡色彩的明度愈大，就是激刺人目的方面，转换愈多，而近于调和的程度就愈小。儿童与初民，所激赏的，是一种活泼无限的印象。

要试验色彩的调和，不可用闪烁的色彩；而色彩掩覆的平面，不可过小，也不可过大。过小就各色相毗，近于驳杂；过大就过劳目力，而于范围以外的地位，现出相对的幻色。又在流转的光线里面，判断也不容易正确。试验光度的影响，有一种简单的方法，用白纸剪成小方形，先粘在同色同形而较大的纸上；第二次，粘在灰色纸上；第三次，粘在黑色纸上。因周围光度的差别，而对于中间方格的白色，就有不同的感觉；画家可因此而悟利用光度的方法。

在自然界，于实物上有一种流动的光，也是美的性质。大画家就用各种色彩与光度相关的差次，来描写他，这就叫

作色调。若画得不合法，就使看的人，准了光度，失了距离的差别；准了距离，而光相又复不存。欧洲最注意于这种状况的是近时的印象派。从前若比国的 Jan Van Eyck（1380～1440），荷兰的 Rembrandt（1606～1669），法国的 Watteau（1684～1721），英国的 Conotable（1776～1837），Turner（1775～1851），德国的 Böcklin（1827～1901），都是著名善用色调的画家。因为有这种种的关系，所以随举两种色彩，如红与绿，黄与蓝，红与蓝，合用起来，是美观的还是不美观的？几乎不能简单的断定。又在自然美与艺术美上，常常用三种色调，所以两种色调的限制，也觉得太简单。在现代心理学的试验，稍稍得一点结论。相对色的合用，能起快感的很少。我们所欣赏的，还是在合用相距不远的色度。我们看着相对色的合用，很容易觉得无趣味，或太锐利，就是不调和。这因为每一色的余象（Nachbclde），被相伴的色所妨害了。而且相对色的并列，一方面是因为后象的复现，独立性不足；一方面又因为相距太远，不能一致，所以不易起快感。所以，色彩的调和，或取差别较大的，使有互相映照的功用，而却不是相对色；或取相近的色彩，而配色的度，恰似加以光力或衬有阴影的原色，就觉得浓淡相间，更为一致。就一色而言，红色与明红及暗红相配，均为快感的引导。寻常用红色与暗红相配，在心理上觉得适宜，不似并用相对色的疲目。虽然不是用阴影，而暗红色的作用，恰与衬阴影于普通红色相等。

三　比例

比例是在一种美的对象上，全体与部分，或部分与部分，有一种数学的关系。听觉上为时间的经过，视觉上为空间的形式。除听觉方面，当于别章讨论外，就视觉方面讲起来，又有关于排列与关于界限的两种。

关于排列的，以均齐律为最简单。最均齐的形式，是于中线两旁，有相对的部分，它们的数目、地位、大小，没有不相等的。在动物的肢体上，在植物的花叶上，常常见到这种形式。在建筑、雕刻、图画上，合于这种形式的，也就不少。然而，我们若是把一个圆圈，直剖为二，虽然均齐，而内容空洞，就不能发起快感。又如一切均齐的形式，可以说是避免丑感的方面多，而积极发起美感的方面较少。在复杂的形式上，要完成它的组织与意义，若拘泥均齐律，常恐不能达到美的价值。

我们若用西文写姓名，而把所写的地位上的空白纸折转来，印成所写的字，这是两方完全相等的，然而看的人，或觉得不过如此，或觉得有一点好看，虽因联想的关系，程度不必相同，而总不能引起美学的愉快。这种状况，就引出两个问题：（1）为什么均齐的快感，常属于一纵线的左右，而不属于一横线的上下？（2）为什么重复的形式，不能发生美的价值？

解答第一个问题，是有习惯的关系与心理的关系。我们习惯上所见的动物、植物的均齐状况，固然多属于左右的。就是简单的建筑与器具，在工作上与应用上便利，都以左右相等为宜。我们因有这种习惯，所以于审美上也有这种倾向。心理上有视官错觉的公例，若要看得上下均等，为一与一的比例，我们必须把上半做成较短一点才好。例如，S与8，我们看起来，是上下相等了；然而倒过来一看，实在是ϛ与8，下半比上半大得多了。我们若是把四方形或十字形来试验，上下齐等的关系，更可以明了这种错觉。因这个缘故，所以确实的上下均齐，是不能有美感的。

解答第二个问题，是我们的均齐律，不能太拘于数学的关系，与形式的雷同，而只要求左右两方的均势。在图画上，或左边二人而右边只有一人；或左边的人紧靠着中心点，而右边的人却远一点儿。这都可以布成均势。人体的姿势，无论在实际上，在美术上，并不是专取左右均齐，作为美的价值；常常有选取两边的姿势，并不一致；而筋肉的张弛，适合于用力状况的。

均势的形式，又有两种关系：（1）人体的姿势，受各种运动的牵制，或要伸而先屈，要进而先退；或如柔软体操及舞蹈时，用互相对待的姿势，随时变换。（2）是主观和客观间为相对的动感，如我们对着一个屈伏的造像，就不知不觉的作起立的感想。这种同情的感态，不是有意模仿，而是出于一种不知不觉间调剂的作用。

别一种的比例，就是截金法，a：b = b：（a + b）。从 Giotto 提出以后，不但在图画、雕刻、建筑上得了一个标准，而且对于自然界，如人类、动植物的形式，也有用这个作为评判标准的。经 Fechner 的试验，觉得我们所能起快感的形式，并不限于截金术的比例。

（1921 年所写《美学通论》的一章）

美学的研究法

摩曼氏主张由四方面研究美学，我前次已经讲到了。但什么样研究呢，再详细点讲一讲。

实验美学，是从实验心理学产生的，所以近来实验的结果，为偏于赏鉴家的心理。又因美术的理论，古代早已萌芽，所以近来专门研究美术，要组织美术科学的也颇多。一是偏于主观的，一是偏于客观的，我们要从主客共通的方面作出发点，就是美术家。他所造的美术是客观的；他要造那一种的美术的动机是主观的。我们现在先从美术家的方面来研究，约有六种方法：

第一，搜集美术家对于自己著作的说明。《庄子·天下篇》《太史公自序》，都是说明著书的大旨。书画家与人的尺牍，画家自己的题词，多有自己说明作意的。欧洲从文艺中兴时代到今日，文学家、美术家，此类著作很多。

第二，询问法。是从美术品中，指出几个重要点，问原著的美术家。摩曼曾与李曼（Hugo Riemann）等用此法询问各音乐家。当然可以应用于他种美术。

第三，搜集美术家传记。如《史记》的《屈原传》《司马相如传》、各史的《文苑传》、元史的《工艺传》《书史会要》《画史会要》《画征录》《印人传》等书，文集中文学家、书画家传志，后人所作文学家年谱，都是这一类的材料。

第四，美术家心境录。是从美术家的作品上，推求他心理上偏重处。或偏于观照，或偏于思索，或偏于意境，或偏于技巧。文学的研究，有比较用词多寡的，如莎士比亚集中，用词至一万五千，弥尔敦集中所用的，止超过他的半数。中国名人的诗集，多有详注，很可以求出统计的材料。

第五，美术家病理录。这是意大利一个病理学家龙伯罗梭（Lombroso）提出来的，很可以作心境录的参证。欧洲文学家如卢梭、尼采等，平时都有病的状态。法国的蒙派松（Maupassant）死的前一年，竟至病狂。近来都有人研究他们的病理。中国如徐渭、金喟等，也是这一类。

第六，实验法。这是用同一对象，请多数美术家制作，可以看出各人的偏重点。譬如几个文人同作一个人的传状，几个诗人同赋一处古迹，几个画家同画一时景物，必定各各不同。

美术家既需天才，又需学力。天才不高的人，或虽有天才，没有练习美术的机会，都不能成为美术家。但美感是人人同具的。平常人虽然不是美术家，却没有不知道赏鉴美术的。不过赏鉴的程度，高低深浅，种种不同。我们要研究赏鉴家的心理，就比美术家方面的范围广得多了。大约用六种方法：

第一，选择法。这是费希耐用过的，但费氏止用在简单的量美上，我们不必以长方形纵横方面长广的比为限。可以用各种形式，如三角形、多边形、圆形、椭圆形等，可用几种形式毗连的配置，可用色彩的映带、声音的连续，可用不同派的图画与雕刻，可用文学家的著作。

第二，装置法。这也是费氏用过的。但我们亦不必以十字架为限。可用各种形式不同、色彩不同的片段，凑成最合意的形象，如孩童玩具中，用木块或砖块叠成宫室的样子，也可用多少字集成句子，如文人斗诗牌或集碑字成楹联的样子。

第三，用具观察法。这也是费氏用过的，但我们不必以长方形及量美为限。可用于各种用具的形状、颜色及姿势，可用于装饰品，可用于地摊上的花纸，可用于最流行的小说或曲本，可用于最流行的戏剧。

第四，表示法。这是用一种对象给人刺激，用极快的口影，看他面貌有何表现，姿态有无改变；或用一种传动与速记的机械，看他的呼吸与脉搏有何等变动；这都是从感情的表示上，用作统计的材料的。如马汀（Martin）女士曾用滑稽画试验，苏尔此（Schalze）教授曾用二十种不同的图画试验学生，都用此法。

第五，瞬间试验法。因有一派美学家说美感全由“感情移入”而起；枯尔伯（Kulpe）与戈尔东（Gordon）特用一种美的印象，用极短的时间，刺激受验的人，令他判断，看感情不及移入时，有无快感。

第六，间断试验法。因人类对于美术，随时间短长，所感受的状况不同；所以德若埃（Desoie）用此法来试验。如给他看一幅图画，或十秒钟时，或二十秒、三十秒时，即遮住了，问他：“所见的是什么？觉得怎么样？有什么想象？”继续的这样试验下去，就可以看出美感的内容与时间很有关系。或念一首诗，念而忽停，停而忽念，问他觉得怎么样。这种试验的结果，知道形象的美术，起初只看到颜色与形式；音乐，止听到节奏与强度。其次，始接触到内容。又其次，始见到表示内容的种类。又其次，始参入个人的联想。

人的美感，常因自然景物而起，如山水，如云月，如花草，如虫鸟的鸣声，不但文学家描写得很多，就是普通人，也都有赏玩的习惯。但多数美学家，总是用美术作主要的对象。观念论的黑智尔，与自然论的郎萃（Langl），虽然主义相反，但对于偏重美术的意见完全相同。黑氏的意思：美是观念的显示，这种观念，不是在偶发的、不纯的实物上轻易可以得到的。郎氏的意思：美术都是摹拟自然的，美术的赏玩，是从摹拟上得到一种幻想；在所摹拟的实物上，就没有这种幻想了。维泰绥克（Witasek）说："我们在自然界接触大与强的印象，如大海的无涯，雷雨的横暴，都杂有非美学的分子。就是纯粹的美景，也有两种美术上的关系；（1）片段的，如霞彩，如山势，如树状等，与美术上单纯的印象、色彩、形式一样。（2）统一的，如风景可摄影、可入画的，我们也已经用美术的条件印证一过，已经看作美术品了。"为这个缘故，所以美学上专从美术作品研究，可以包括自然的美。研究美术，有十种方法：

第一，材料的区别。美术家著作，不能不受材料的限制。建筑雕刻上，木材与石材不同。幼稚的石柱、石象，有留存木柱、木象痕迹的，就觉得不美。中国的图画，在纸上、绢上，止能用水彩；外国的油画，在麻布上，止能用油彩。不能用一种眼光去评定他。其他种种不同材料的美术，可以类推。

第二，技能的鉴别。同一对象，画的有工有拙，同一曲谱，奏的也有工有拙，这都是技能上的关系。又如全体都工，或有一二点不相称的，是技能不圆到。不是知道这一种美术应具的技能，往往看不出来。

第三，意境的鉴别。同是很工的美术，还有高下、雅俗的区别，这是因为意境不同。美术上往往有“因难见巧”的一派。如纤细的刻镂，一象牙球，内分几层，都是刻得剔透玲珑的。或一斜塔，故意把重心置在一边，看是将倒，而永不会倒的。又如文学上的回文诗、和词、步韵、集字、集句等类，虽然极工，不能算很高的美术，就是因为他意境不高。又如高等的美术，不为俗眼所赏，大半是意境不易了悟的缘故。

第四，分门的研究。如诗话是研究诗的，书谱、论画等是专门研究书法或图画的。外国研究美术的，或专研建筑，或专研音乐，也是这样。

第五，断代的研究。如两汉金石记、南宋院画录等，以一时代为限。外国研究美术的，或专研希腊时代，或专研文学复古时代，或专研现代，也是这样。

第六，分族的研究。欧洲有专研中国与日本美术的，有专研究印度美术的，有专研墨西哥或秘鲁美术的。

第七，溯原。如德人格罗绥（Grosse）与瑞典人希恒（Hirn）都著有《美术的原始》。

第八，进化的观察。西人所著美术史，都用此法。

第九，比较。用异民族的美术互相比较，可以求得美术上公例。如谟德（Muth）比较中国古代与日耳曼古代图案，知道动物图案的进步，有一定的程序。

第十，综合的研究。如格罗绥著《美术科学的研究》、司马荅（Sihmarsow）著《美术科学的原理》等是。

美术进步，虽偏重个性，但个性不能绝对的自由，终不能不受环境的影响。所以不能不研究美的文化。研究的方法，约有五种：

第一，民族的关系。照人类学与古物学看起来，各种未开化的民族，虽然环境不同，他们那文化总是相类，所以美术也很相近。到一种程度，人类征服自然的能力特别发展，所处的地方不同，就努力不同，因而演成各民族的特性，发生各种不同的文化，就有各种不同的美术。不但中国的文化与欧洲不同，所以两方的美术不同，就是欧洲人里面，拉丁族与偷通族、偷通族与斯拉夫族，文化也不尽同，所以美术也不相同。

第二，时代的关系。一时代有特别的文化，就有一时代的美术。六朝的文辞与两汉的不同，宋人的图画与唐人的不同，就是这个缘故。欧洲也是这样：文艺中兴时代的美术与中古时代的不同；现代的又与中古时代的不同。而且一时代又常常有一种特占势力的美术：如周朝的彝器，六朝的碑版，唐以后的文学。欧洲也是这样：希腊人是雕刻，文艺中兴时代是图画，现代是文学。

第三，宗教的关系。初民的美术常与魔术宗教有关；即文化的民族，也还不免。如周朝尚祖先教，所以彝器特美。六朝及唐崇尚佛教、道教，所以造像、画像多是佛的名义；建筑中最崇闳的，是佛寺、道观。欧洲中古时代最美的建筑，都是礼拜堂，到文艺中兴时代，还是借宗教故事来画当时的人物。

第四，教育的关系。中国古代教育，礼、乐并重。后来不重乐了，所以音乐不进步。又如图画及瓷器、刺绣等，虽有一时代曾著特色，但没有专门教育的机关，所以停滞了。欧洲近代各种美术都有教育机关，所以进步很快。且他们科学的教育比我们进步，普通的人对于光线、空气、远景的分别，都很注意，所以美术上也成为公则。我们的教育重模仿古人，重通式，美术也是这样。他们教育上重创造，重发展个性，所以美术上也时创新派，也注重表示个性。

第五，都市美化的关系。每一国中，往往有一二都市，作一国美术的中心点。然希腊的雅典，意大利的威尼士、弗罗郎斯、罗马，法国的巴黎，德国的明兴等，固然有自然的美，与宗教上、政治上特别提倡等等因缘，但是这些都市上特别的布置，一定也大有影响。现在欧洲各国，对于各都市，都谋美化。如道路与广场的修饰，建筑的变化，美术馆、音乐场的纵人观听，都有促进美术的大作用。我们还没有很注意的。

照上列各种研究法，分门用功，等到材料略告完备了，有人综合起来，就可以建设科学的美学了。

（刊 1921 年《北京大学日刊》）

美学的进化

我已经讲过美术的进化了，但我们不是稍稍懂得一点美学，决不能知道美术的底蕴，我所以想讲讲美学。今日先讲美学的进化。

我们知道，不论那种学问，都是先有术后有学，先有零星片段的学理，后有条理整齐的科学。例如上古既有烹饪，便是化学的起点。后来有药方，有炼丹法，化学的事实与理论，也陆续的发布了。直到十八世纪，始成立科学。美学的萌芽，也是很早。中国的《乐记》《考工记·梓人篇》等，已经有极精的理论。后来如《文心雕龙》，各种诗话，各种评论书画古董的书，都是与美学有关。但没有人能综合各方面的理论，有统系的组织起来，所以至今还没有建设美学。

在欧洲古代，也是这样。希腊的大哲学家，如柏拉图、亚里士多德等，都有关于美学的名言。柏氏所言，多关于美的性质；亚氏更进而详论各种美术的性质。柏氏于美术上提出“模仿自然”的一条例，后来赞成他的很多。到近来觉得最高的美术，尚须修正自然，不能专说模仿了。亚氏对于美术，提出“复杂而统一”一条例，至今尚颠扑不破。譬如我在这个黑板上画一个圆圈，是统一的，但不觉得美，因为太简单。又譬如我左边画几个人，右边画个动物，中间画些山水、房屋、花木等类，是复杂的；但也不觉得美，因为彼此不相连贯，没有统系，就是不统一。所以既要复杂，又要统一，确是美术的公例。

罗马时代的文学家、雄辩家、建筑家，关于他的专门技术，间有著作。到文艺中兴时代，文喜（Leonardo da Vinee）、埃尔倍西（Leone Battiota Alberti）、佘尼尼（Cemimo Cennine）等美术家，尤注意于建筑与图画的理论。那时候科学还不很发达，不能大有成就。十七世纪，法国的诗人，有点新的见解。其中如波埃罗（Borlean Despeaux）于所著《诗法》中提出“美不外乎真”的主义，很震动一时。用学理来分析美的缘素，为美学先驱的，要推十七、十八世纪的英国经验派心理学家。他们知道美的赏鉴，是属于感情与想象力的。美的判断，不专是认识的。而且美的感情，也与别种感情有不同的点。如呵末（Hume）说美的快感是超脱的，与道德的实用的感情不同。又如褒尔克（Burke）研究美感的种类，说美，是一见就生快感的，这是与人类合群的冲动有关。高，初见便觉不快，仿佛是危险的，这是与人类自存的冲动有关。但后来仍有快感，因知道这是我们观察中的假象。都是美学家最注意的问题。

以上所举的哲学家，虽然有美学的理论，但都附属在哲学的或美术的著作中。不但没有专门美学的书，还没有美学的专名，与中国一样。直到一七五〇年，德国鲍格登（Alexander Baumgarten）著《爱斯推替克》（Aesthetica）一书，专论美感。"爱斯推替克"一字，在希腊文本是感觉的意义，经鲍氏著书后，就成美学专名；各国的学者都沿用了。这是美学上第一新纪元。

鲍氏以后，于美学上有重要关系的，是康德（Kant）的著作。康德的哲学，是批评论。他著《纯粹理性批评》，评定人类和知识的性质。又著《实践理性批评》，评定人类意志的性质。前的说现象界的必然性，后的说本体界的自由性。这两种性质怎么能调和呢？依康德见解，人类的感情是有普遍的自由性，有结合纯粹理性与实践理性的作用。由快不快的感情起美不美的判断，所以他又著《判断力批评》一书。书中分究竟论、美论二部。美论上说明美的快感是超脱的，与呵末同。他说官能上适与不适，实用上良与不良，道德上善与不善，都是用一个目的作标准。美感是没有目的，不过主观上认为有合目的性，所以超脱。因为超脱，与个人的利害没有关系，所以普遍。他分析美与高的性质，也比褒尔克进一步。他说高有大与强二种，起初感为不快，因自感小弱的缘故。后来渐渐消去小弱的见，自觉与至大至强为一体，自然转为快感了。他的重要的主张，就是无论美与高，完全属于主观，完全由主观上想象力与认识力的调和，与经验上的客观无涉。所以必然而且普遍，与数学一样。自康德此书出后，美学遂于哲学中占重要地位；哲学的美学由此成立。

绍述康德的理论，又加以发展的，是文学家希洛(Schiller)。他所主张的有三点：（1）美是假象，不是实物，与游戏的冲动一致。(2）美是全在形式的。(3）美是复杂而又统一的，就是没有目的而有合目的性的形式。

以后盛行的，是理想派哲学家的美学。其中最著名的，如隋林（Schelling）的哲学，谓自然与精神，同出于绝对的本体。本体是平等的，无限的；但我们所生活的现象世界是差别的，有限的。要在现象世界中体认绝对世界，惟有观照。知的观照，属于哲学；美的观照，属于艺术。哲学用真理导人，但被导的终居少数；艺术可以使人人都观照绝对。隋氏的哲学，是抽象一元论。所以他独尊抽象，说具象美不过是抽象美的映象。

后来黑格尔（Hegel）不满意于隋林的抽象观念论，所以设具象观念论。他说美是在感觉上表现的理想。理想从知性方面抽象的认识，是真；若从感觉方面具象的表现，是美。

表现的作用愈自由，美的程度愈高。最幼稚的是符号主义，如古代埃及、叙利亚、印度等艺术，是精神受自然压制，心能用一种符号表示不明了的理想。进一步是古典主义，如希腊人对于自然，能维持精神的独立；他们的艺术，是自然与精神的调和。又进一步，是浪漫主义，如中世纪基督教的美术，是完全用精神支配自然。

与黑氏同时有叔本华（Schopenhauer），他是说世界的本体，是盲目的意志。人类在现象世界，因有欲求，所以常感苦痛。要去此苦痛，惟有回向盲目的本体。回向的作用，就是赏鉴艺术。叔氏分艺术为四等：第一是高的，第二是美的，第三是美而有刺激性的，第四是丑的。

理想派的美学，多注重内容；于是有绍述康德偏重形式的一派。创于海伯脱（Herbart），大成于齐末曼（Kimmermann）。齐氏所定的三例：（1）简单的对象，不能起美学的快感与不快感。（2）复合的对象，有美学的快感与不快感。但从形式上起来。（3）形式以外的部分（如材料等）全无关系。

由形式论转为感情论的是克尔门（Kirchmann），他说美是一种想体，就是实体的形象；但这实体必要有感兴的，且取他形象时，必要经理想化，可以起人纯粹的感兴。

把哲学的美学集大成的，是哈脱门（Hartmann）的美的哲学。哈氏说理想的自身，并不就是美；理想的内容表现为感觉上的假象，才是美。这个假象，是完全具象的。若理想的内容，不能完全表现为假象，就减少了美的程度。愈是具象的，就愈美。所以哈氏分美为七等，由抽象进于具象：第一是官能快感，第二是量美，第三是力美，第四是工艺品，第五是生物，第六是族性，第七是个性。

从鲍格登到哈脱门，都是哲学的美学，都是用演绎法的。哈氏的《美的哲学》，在一八八七年出版。前十七年即一八七一年，费希耐（Gustav Theodor Fechner）发布一本小书，叫作《实验美学》（Zurexperimentalen Aesthetik），及一八七六年又发布一书，叫作《美学的预料》（Vorschule der Aesthetik），他是主张用归纳法治美学，建设科学的美学，这是美学上第二新纪元。费氏的归纳法，用三种方法，考验量美：

(1) 选择法：用各种不同的长方形，令人选取最美观的。

(2) 装置法：用硬纸两条，令人排成十字架，看他横条置在纵条那一点。

(3) 用具观察法：把普通人日常应用品物，如信笺、信封、糖匣、烟盒、画幅等，并如建筑上门、窗等，都量度他纵横两面长度的比例，求得最大多数的比例是什么样。

前两法的结果，是大多数人所选择或装置的，都与崔新（Adolf Zeising）所发见的截金法相合，就是三与五、五与八、八与十三等比例。但是第三种的结果费氏却没有报告。

费氏以后，从事实验的，如惠铁梅（Witmer）、射加尔（Segal）等用量美；伯开（Baker）、马育（Major）等用色彩；摩曼（Meumann）、爱铁林该（Ettlinger）等用声音；孟登堡（Munstenberg）、沛斯（Piorce）等用各种简单线的排列法，都有良好的结果，但都是偏于一方面的。又最新的美学家，如康德派的科恩（Cohn），黑格尔派的维绥（Vischer），注重感情移入主义的栗丕斯（Th. Lipps）、富开尔（Volkelt），英国证明游戏冲动说的斯宾塞尔（Spencer），法国反对超脱主义的纪约（Guyau）等，所著美学，也多采用科学方法，但是立足点仍在哲学。所以科学的美学，至今还没完全成立。摩曼于一九〇八年发布《现代美学绪论》，又于一九一四年发布《美学的系统》，虽然都是小册，但对于美学上很有重要的贡献。他说建设科学的美学，要分四方面研究：（1）艺术家的动机，（2）赏鉴家的心理，（3）美术的科学，（4）美的文化。若照此计划进行，科学的美学当然可以成立了。

（刊 1921 年《北京大学日刊》）

康德美学述

康德既作纯粹理性评判，以明认识力之有界；又作实践理性评判，以明道德心之自由。而感于两者之不可以不一致，及认识力之不可以不受范于道德心，乃于两者之间，求得所谓断定力者，以为两者之津梁。盖认识力者，丽于自然者也，道德心者，悬为鹄的者也，而自然界有一种归依鹄的之作用，是为断定力之所丽，故适介二者之间，而为之津梁也。惟是自然界归依鹄的之作用，又有客观、主观之别。客观者，由自然现象之关系言之也，属于鹄的论之断定。主观者，由吾人赏鉴之状态而言之也，属于美学之断定。故康德断定力评判，分为美学与鹄的论二部。今节译其美学一部之说如下。

一　美学之基本问题

康德以前之哲学，无论其为思索派，或经验派，恒以美为物体之一种性质，或以为物与物相互之一种关系。康德反之，以为物之本体，初无所谓美也。当其未及吾人赏鉴之范围，美学之性质无自而发现，犹之世界无不关意志之善恶，无不关知识之真伪也。故康德之基本问题，非曰何者为美学之物，乃曰美学之断定何以能成立也。美学之断定，发端于主观快与不快之感。苟吾人见一表象，而无所谓快与不快，则无所谓美学之断定。美学之断定，为一种表象与感情之结合，故为综合断定。且此等断定，不属于客观认识界之价值，而特为普遍及必然之条件。吾人惟能自先天性指证之，而不能自感觉界求得之，故当为先天之综合断定。顾此等先天性综合断定何以能成立乎？吾人欲解答此问题，不可不先明此断定之为何者。故美学之基本问题，其一曰何者为美学之断定乎？其二曰美学之断定何以能成立乎？其一，所以研究其内容，以美学断定之解剖解答之。其二，所以研究其原本，以纯粹美学之演绎解答之。

美学之断语有二，曰优美，曰壮美。故美学断定之解剖，区为二部，一曰优美之解剖，二曰壮美之解剖。

二 优美之解剖

（甲）超逸

凡吾人所以下优美之断定者，对于一种表象而感为愉快也。虽然，吾人愉快之感，不必专系乎愉美，有系于满意者，有系于利用者，有系于善良者。何以别之？曰，满意之愉快全属于感觉，利用及善良之愉快又属于实际，此皆与美学断定相违之性质也。满意者亦主观现象之一，例如曰山高林茂，此客观之状态也；曰山高林茂，触目怡情，则主观之关系也。满意者，吾人之感官，受一种之刺触而感为满足，故亦不本于概念。利用及善良则否，利用者，可借以达于一种之善良者也。善良者，各人意志之所趋向也。利用为作用，而善良为鹄的，二者皆丽于客观，皆毗于实际，皆吾人意志之所管摄者也。所以生愉快者，由于有鹄的之概念，而或间接以达之，或直接以达之。

满意也，利用也，善良也，各有相为同异之点。满意之事，不必有利而无害。幸福之生涯，恒足以使人满意，而不必同时即为善良，此其差别之显然者也。其相同之点，则三者皆有欲求之关系是也。饥者得其食，百工利其器，君子成其德，其所以愉快者，皆由于有所求而得之。差别之点，惟其一属于感觉，其二属于实用，其三属于道德而已。夫吾人之有所求，由于吾人之有所需。所需者，不特吾人所见之表象，而直接于表象所自出之体质。其体质有可享受，或可应用，或可实现，非人生最后之鹄的，即吾侪日用之利益。是皆主观与客观间有体质之关系，而主观之愉快，乃发端于客观之体质焉。

始有所需，继有所得，而愉快之感以起，是皆有关实利之愉快也。有一种愉快焉，既非官体之所触，又非业务之所资，且亦非道德之所托，是非关于实利也，是谓优美之感。吾人欲认识优美之感之特性，莫便于举一切快感而舍其有关实利者。夫有关实利之快感，不外夫满意、利用、善良三者，然则快感之贯于此三种者，惟优美之感而已。

夫吾人优美之感既全无实利之关系，则吾人之于其对象，非所嗜也，非所资也，非有所激刺于意志也。既非所趋之鹄的，又非所凭之作用，则纯粹之赏鉴而已矣。纯粹之赏鉴足以镇定嗜欲，奠定意志。盖意志之与赏鉴，常为互相消息之态度。意志者，常受一种对象之冲动，而赏鉴则反之。意志之状态，动作也，皇急也，阢陧也，而纯粹之赏鉴则永永宁静。吾人对于一种之对象，而求其全无嗜欲之关系，势不能有利于纯粹之赏鉴，而纯粹赏鉴之对象，势不能有外乎形式。种种物体，各凭其性质而有以满足吾人之需要，若仅即形式而言之，于吾人种种之需要，均无自而满足也。而赏鉴之者，乃别有一种满足之感，是谓美感。而其所赏鉴者，谓之优美。

凡吾人之所需要及嗜欲，常因依于一种之体质，而借此体质以餍其欲望，为愉快之所由来。此等愉快不能不有所羁绊，而且一得一失，动为死生祸福之所关，故其情又至为矜严。纯粹之美感则不受一切欲望之羁绊，故纯任自由。且亦无与于人生之运命，故恒不出之以矜严，而出之以游戏焉。康德之述美学也，尝谓为兴味之学。兴味之义，在官体者常非其所需要，而在习俗者，又常不关于道德。饥者易为食，渴者易为饮，需要故也。而所谓美味，则初不以充饥而解渴。道德之律，守之则安，违之则悔，为责任心故也。若乃揖让之仪，馈赠之品，颂祷之词，初不必出于敬爱之本心，而自有所谓行习之兴味。以此例推，则于自由之美感思过半矣。满意者，官能之事也，善良者，理性之事也，美感者，官能与理性之吻合也。人类者，既非如动物之有官能而无理性，又非如理想之神有理性而无官体，故美感者，人类专有之作用也。

（乙）普遍

凡实利之关系，常因人而殊，一人之中，又因时位而殊。一人之所需要，在他人有视为无用者，亦有视为有害者。且同一人也，今日之所求，难保其不及他日而弃厌之。故自善良以外，有关实利之愉快，皆专己主义者也。循环而言之，以小己为本位而认为专有之快感者，常有实利之关系，而关系实利之快感，常有种种之不同，如人与人之互相差别也。夫差别之快感，其关系实利也如此，而美感之愉快，乃独无实利之关系。然则美感者，非差别而普遍，非专己主义而世界主义也，故人举一对象以表示其优美之感者，不曰是于我为优美，而曰是为优美，是即含有普及人人之意义焉。

有因优美之普遍性而疑其基本于客观之现象者。果尔，则为概念之断定，入论理之范围，而不属于美学。美学之断定，以快与不快之感为基本，而初不本于知识。丽于主观之状态，而初不原于客观。吾人于论理断定与美学断定之间，求过渡之状态而不可得。然则两者非程度之差别，而种类之差别也。

美学之断定，既不属于概念，故其所断定者，为单一之对象，而不必推及于其同类，是为单一断定。例如对一蔷薇花而曰，此花甚美，此美学之断定也。如由是而推之曰，凡蔷薇花皆甚美，则构成概念，而为论理之断定矣。又如曰，此花甚适意，则虽亦单一之断定，然为专己性而非普遍性，为满意而不为美感矣。对于单一对象之断定，而又可以通之于人人，是则美感之特性也。

满意者，感觉界之愉快也。吾人必先觉其为满意而后以是断定之，故快感常先于断定。夫断定之先，已有快感，是其快感不出于赏鉴，而发于物体之激刺，是为感觉界之经验所羁绊，而不能印证于人人。快感之可以印证于人人者，其表示也，不在对象断定之先，而常随其后，以其根本于纯粹之赏鉴也。

凡赏鉴一种对象，不能不及影响于表象力。表象力者，形容作用及把持作用之结合也。形容作用演而为想象，于是有直观之写照。把持作用演而为理解，于是有合法之统一。两者合同而后有断定。断定者，常有普遍性者也，惟属于论理者常受规定于概念，而属于美学者则否。故美学之赏鉴不关于知识。知识者，形容力与想象力之结合也。而在赏鉴，则二者为不相结合之符同，故谓之想象力与理解力之游戏，亦或谓之无宗旨之调和。盖徒有想象力与理解力之调和，而初不以认识为宗旨也。

（丙）有则

凡对象之可以起人快感者，不能无一种规则，即所谓依的作用之状态是也。以常情论之，既有依的作用，则必有其所归依之鹄的。鹄的者，作用之原因也。由此作用而得达其鹄的，则鹄的者又为作用之效果。故吾人对于一种对象而谓之依的作用者，以求得其所依之的以为准，是即一种之概念也。使吾人欲游一地，则不可不为适宜之旅行。使吾人欲成一书，则不可不为适宜之记述。惟其适宜也，而有可游可成之希望，于是乎愉快，是关于实际之愉快也。使吾人对于一种天然或人造之品物，而欲求其所以为此构造之故，则必有种种之观察若研究。一旦求而得之，则亦不胜其愉快，是关于智力之愉快也。是皆附丽于概念者也。

今也，对于优美之快感无所谓概念，则无所谓鹄的也。

使吾人因欲赏鉴一种优美之对象，而预期其愉快，如是，则非纯粹之赏鉴，而参之以欲望，非徒赏鉴其形式，而直接关系于其体质，于是不复为美感，而为引惹，为激刺。引惹也，激刺也，皆物质之效力，而非复形式之功用，故为感觉界之愉快，而不复为纯粹之美感焉。

纯粹之美感专对于形式，而无关于体质。一切接触于感觉神经之原素皆不得而参入，轶出于经验之范围，而不准以概念，故不能有鹄的，且亦不能有所谓依的作用之表象。然而既有形式，则自有一种依的作用之状态。有依的作用之状态而无有鹄的，此美感之特性也。

美感起于形式，则其依的作用之状态，属于主观，而不属于客观。客观之依的作用，有内外之别。在外者以属于他物之概念为的者也。在内者以属于本体之概念为的者也。以他物之概念为的，则其依的作用为利用。以本体之概念为的，则其依的作用为自成。凡即一种对象而以利用若自成评判之者，卒皆以鹄的之概念为标准。其鹄的之概念愈完全，则其依的作用之表象愈明晰。以此等表象之观察而起其快感，皆属于智力，而不属于美感者也。

康德以前之哲学，多以自成之概念说美学。彼以为自成之概念，在感觉界与智力界，有程度之差别，即前者隐约而后者明晰是也。于是以自成概念之不明晰，而表现于感觉界者谓之美。包吾介登之美学，即本此主义而建设者。至康德，始立区别于玄学、美学之间，而以不关概念为美感之说。于是依的作用不失为美感之一特性，而要必以无鹄的之概念为界焉。

（丁）必然

美感者，有普遍性者也。凡有普遍性者，常为必然性。满意之快感，人各不同，且在一人而亦与时为转移，是偶然而非必然也。优美之快感则不然。谓之优美，非曰于我为美，而于人则否。亦非曰此时为美，而异时则否。其断定也，含有至溥博而至悠久之意义，此其所以为必然性也。

有论理之必然性，是属于理论概念者。有道德之必然性，是属于实践之概念者。两者皆丽于客观也。美感者，既非有认识真理之要求，亦非循实践理性之命令，而特为纯粹之赏鉴，且超然于客观概念之外，是主观之必然性也。

于是合四者而言之，美者，循超逸之快感，为普遍之断定，无鹄的而有则，无概念而必然者也。（未完）

（1916 年作）

第三辑

美术的起原

《自然美讴歌集》序

自然美与艺术美，为对待之词，而自然美之范围特广，初民之雕刻与图画，皆取材于自然。希腊哲学家且以摹拟自然为艺术家之公例。吾国艺术家之雕塑与图画，自士女及楼阁外，若花鸟，若草虫，若山水，率以自然美为蓝本，而山水尤盛。诗人歌咏，亦同此例。昔刘彦和称宋初文咏，庄老告退，而山水方滋，其时作者以谢康乐为巨擘，披览遗集，登山临水之作，十占八九。洎乎有唐，得王摩诘工诗而又善画，画中有诗，诗中有画，其内容可以想见。嗣后诗人与谢、王同其旨趣者，何代无之，顾未有揭自然美以颜其集者，有之，则自陈树人先生之《自然美讴歌集》始。先生好游而工诗如康乐，工诗而又善画如摩诘，顾康乐之游限于东南一隅，而摩诘又限于西北，先生生长岭南，近游桂林，北抵平津，久滞江浙，国内游程，已视谢王为广；益以日本及美洲之奇观，取多用弘，更非古人所能梦见矣。康乐惟有五言，偶作七古，非其所好；摩诘五七言并工，而五言尤脍炙人口。先生斯集，则十之九为七言，此亦不过形式上之小同异；而写物追新之力，清微淡远之致，先生所作正与谢、王相印证。息园诸咏，尤与辋川唱和异曲而同工。郦道元称山水有灵，亦惊知已，先生斯集，足以当此语而无愧色矣。

二十二年七月十五日

蔡元培

（1933 年作）

美术的起原

美术有狭义的、广义的。狭义的，是专指建筑、造像(雕刻)、图画与工艺美术（包装饰品等）等。广义的，是于上列各种美术外，又包含文学、音乐、舞蹈等。西洋人著的美术史，用狭义；美学或美术学，用广义。现在所讲的也用广义。

美术的分类，各家不同。今用 Fechner 与 Grosse 等说，分作动静两类：静的是空间的关系，动的是时间的关系。静的美术，普通也用图像美术的名词作范围。他的托始，是一种装饰品。最早的在身体上；其次在用具上，就是图案；又其次乃有独立的图像，就是造像与绘画。由静的美术，过渡到动的美术，是舞蹈，可算是活的图像。在低级民族，舞蹈时候，都有唱歌与器乐；我们就不免联想到诗歌与音乐。舞蹈、诗歌、音乐，都是动的美术。

我们要考求这些美术的起原，从那里下手呢？照进化学的结论，人类是从他种动物进化的。我们一定要考究动物是否有创造美术的能力？我们知道，植物有美丽的花，可以引诱虫类，助他播种。我们知道，动物界有雌雄淘汰的公例：雄的动物，往往有特别美丽的毛羽，可以诱导雌的，才能传种。动物已有美感，是无可疑的。但是这些动物，果有自己制造美术的能力么？有些美学家，说美术的冲动，起于游戏的冲动。动物有游戏冲动，可以公认。但是说到美术上的创造力，却与游戏不同。动物果有创造力么？有多数能歌的鸟，如黄莺等，很可以比我们的音乐。中国古书，如《吕氏春秋》等，还说“伶伦取竹制十二筒，听凤凰之鸣，以别十二律”云云，似乎音乐与歌鸟，很有关系。但他们是否是有意识的歌？无从证明。图像美术里面，造像绘画，是动物界绝对没有的。惟有造巢的能力，很可以与我们的建筑术竞胜。近来如 I. Rennie 著的 *Die Baukunst der Tiere*，如 T. Harting 著的 *Die Baukunst der Tiere*，如 I. G. Wood 著的 *Homeswithout Hands*，如 L. Büchner 著的 *Ausdem Geistesle bender Tiere*，如 Gr. Romanes 著的 *Animal Intelligence*，都对于动物造巢的技术，很多记述。就中最特别的，如蜜蜂的窠，造多数六角形小舍，合成圆穹形。蚁的垤，造成三十层到四十层的楼房，每层用十寸多长的支柱支起来，大厅的顶，于中央构成螺旋式，用十字式木材撑住。非洲的白蚁，有垤上构塔，高至五六迈当的；垤内分作堂、室、甬道等。美洲有一种海貍，在水滨造巢，两方入口都深入严冬不冻的水际；要巢旁的水，保持常度，掘一小池泄过量的水；并设有水门与沟渠。印度与南非都有一种织鸟，他们的巢是用木茎织成的。有一种缝鸟，用植物的纤维，或偶然拾得人类所弃的线，缝大叶作巢；线的首尾都打一个结。在东印度与意大利，都有一种缝鸟，所用的线，是采了棉花，用喙纺成的。澳洲的叶鸟（造巢如叶）在住所以外，别设一个舞蹈厅，地基与各面，都用树枝交互织成，为免内面的不平坦，把那两端相交的叉形都向着外面。又搜集了许多陈列品，都是选那色彩鲜明的，如别的鸟类的毛羽，人用布帛的零片，闪光的小石与螺壳，或用树枝分架起来，或散布在入口的地面。这些都不能不认为一种的技术。但严格的考核起来，造巢的本能，恐还是生存上需要的条件。就是平齐、圆穹等等，虽很合美的形式，未必不是为便于出入回旋起见。要是动物果有创造美术的能力，必能一代一代的进步，今既绝对不然，所以说到美术，不能不说是人类独占的了。

考求人类最早的美术，从两方面着手：一是古代未开化民族所造的，是古物学的材料。二是现代未开化民族所造的，是人类学的材料。人类学所得的材料，包括动、静两类。古物学是偏于静的，且往往有脱节处，不是借助人类学，不容易了解。所以考求美术的原始，要用现代未开化民族的作品作主要材料。

现代未开化的民族，除欧洲外，各洲都还有。在亚洲，有 Andamanen 群岛的 Mincopie 人，锡兰东部的 Veddha 人，与西伯利亚北部的 Tchuktschen 人。在非洲，有 Kalahari 的 Buschmänder 人。在美洲，北有 Arkisch 的 Eskimo 人、Aleüten 的土人；南有 Feuerländer 群岛的土人、Brasilien 民国的 Botokuden 人。在澳洲，有各地的土人。都是供给材料给我们的。

现在讲初民的美术，从静的美术起，先讲装饰。

从前达尔文遇着一个 Feuerländer 人，送他一方红布，看他作什么用。他并不制衣服，把这布撕成细条儿，送给同族，作身上的装饰。后来遇着澳洲土人，试试他，也是这个样子。除了 Eskimo 人非衣服不能御寒外，其余初民，大抵看装饰比衣服要紧得多。

装饰可分固着的、活动的两种：固着的，是身上刻文及穿耳、镶唇等。活动的，是巾、带、环、镯等。活动的装饰里面，最简单的，是画身。这又与几种固着的装饰有关系，恐是最早的装饰。

除了 Eskimo 人非全身盖护不能御寒外，其余未开化民族，没有不画身的。澳洲土人旅行时，携一个袋鼠皮的行囊，里面必有红、黄、白三种颜料。每日必要在面部、肩部、胸部点几点。最特别的，是 Botokuden 人：有时除面部、臂部、胫部外，全身涂成黑色，用红色画一条界线在边上。或自顶至踵，平分左右：一半画黑色，一半不画。其余各民族画身的习惯，大略如下。

画上去的颜色：是红、黄、白、黑四种，红、黄最多。

所画的花样：是点、直线、曲线、十字、交叉纹等，眼边多用白色画圆圈。

所画的部位：是在额、面、项、肩、背、胸，四肢等，或全身。

画的时期：除前述澳洲土人每日略画外，童子成丁祝典、舞蹈会、丧期，均特别注意，如文明人着礼服的样子。也有在死人身上画的。

现在妇女用脂粉，外国马戏的小丑抹脸，中国唱戏的讲究脸谱，怕都是野蛮人画身的习惯遗传下来的。

他们为画的容易脱去，所以又有瘢痕与雕纹两种。暗色的澳洲土人与 Mincopie 人，是专用瘢痕的。黄色的 Buschmänner，古铜色的 Eskimo，是专用雕纹的。

瘢痕是用火石、蚌壳或最古的刀类，在皮肤上或肉际割破。等他收口了，用一种灰白色颜料涂上去，有几处土人，要他瘢痕大一点，就从新创时起，时时把颜料填上去；或用一种植物的质渗进去。

瘢痕的式样：是点、直线、曲线、马蹄形、半月形等。

所在的地位：是面、胸、背、臂、股等。

时期：澳人自童子成丁的节日割起，随年岁加增。Mincopie 人，自八岁起，十六岁或十八岁就完了。

雕纹是在雕过的部位，用一种研碎的颜料渗上去，也有用烟煤或火药的。经一次发炎，等全愈了，就现出永不褪的深蓝色。

雕纹的花样，在 Buschmänner 还简单，不过刻几条短的直线。Eskimo 人的就复杂了。有曲线，有交叉纹，或用多数平行线作扇面式，或作平行线与平列点，并在其间，作屈曲线，或多数正方形。

所雕的部位：是在面、肩、胸、腰、臂、胫等。

雕纹的流行，比瘢痕广而且久。《礼记·王制》篇："东方曰夷，被发文身。……南方曰蛮，雕题交趾。"《疏》说："题，额也。谓以丹青雕题其额。"是当时东南两方的蛮人，都有雕纹的习惯。又《史记·吴太伯世家》："太伯、仲雍二人，乃奔荆蛮，纹身断发。"应劭说："常在水中，断其发，纹其身，以象龙子，故不见伤害。"墨子说："勾践剪发纹身以治其国。"庄子说："宋人资章甫以适越，越人断发纹身，无所用之。"似乎自商季至周季，越人总是有雕纹的。《水浒传》里的史进，身上绣成九条龙。是宋元时代还有用雕纹的。听说日本人至今还有。欧洲充水手的人，也有臂上雕纹的。我于一九〇八年，在德国 Leipzig 的年市场，见两个德国女子，用身上雕纹，售票纵观，我还藏着他们两人的摄影片。可见这种装饰，文明民族里面，也还不免呢。

Botokuden 人没有瘢痕，也没有雕纹，却有一种性质相近的固着装饰，就是唇、耳上的木塞子。这就叫作 Botopue，怕就是他们族名的缘起。他们小孩子七八岁，就在下唇与耳端穿一个扣状的孔，镶了软木的圆片。过多少时，渐渐儿扩大，直到直径四寸为止。就是有瘢痕或雕纹的民族，也有这一类的装饰：如 Buschmänner 的唇下镶木片，或象牙，或蛤壳，或石块；澳人鼻端穿小棍或环子；Eskimo 人耳端挂环子。

耳环的装饰，一直到文明社会，也还不免。

从固定的装饰过渡到活动的，是发饰。各民族有剪去一部分的，有编成辫子，用象牙环、古铜环束起来的，有编成发束，用兔尾、鸟羽或金属扣作饰的，有用赭石和了油或用蜡涂上，堆成饼状的。现在满洲人的垂辫，全世界女子的梳髻，都是初民发饰的遗传。

头上活动的装饰，是头巾。凡是游猎民族，除 Eskimo 外，没有不裹头巾的。最简单的用 Pandance 的叶卷成。别种或用皮条；或用袋鼠毛、植物纤维编成，或用鸵鸟羽、鹰羽、七弦琴尾鸟羽、熊耳毛束成；或用新鲜的木料，刻作鸟羽形带起来；或用绳子穿黑的浆果与白的猴牙相间；或用草带缀一个鸵鸟蛋的壳又插上鸟羽；或用袋鼠牙两小串，分挂两额；或用麻缕编成网式的头巾，又从左耳至右耳，插上黄色或白色鹦鹉羽编成的扇。且有头上戴一只鹭鸟，或一只乌鸦的。各种民族的冠巾，与现今欧美妇女冠上的鸟羽或鸟的外廓，都是从初民的头巾演成的。

其次头饰：有木叶卷成的或海狗皮切成的带子；有用植物纤维织成的或兽毛织成的绳子。绳子上串的，是 Mangrove 树的子、红珊瑚、螺壳、玳瑁、鸟羽、兽骨、兽牙等；也有用人指骨的。满洲人所用的朝珠，与欧美妇女所用的头饰，都是这一类。

其次腰饰：也有带子，用树叶、兽皮制成的。或是绳子，用植物纤维或人发编成的。绳子上往往系有腰褂，有用树叶编成的；有用鸵鸟羽，或蝙蝠毛，或松鼠毛束成的；有用短丝一排的；有用羚羊皮碎条一排，并缀上珠子或卵壳的。吾国周时有大带、素带等，唐以后，且有金带、银带、玉带等，现今军服也用革带，都起于初民的带子。又古人解说市字（韍字），说人类先知蔽前，后知蔽后，似是起于羞耻的意识。但观未开化民族所用的硬褂，多用碎条，并没有遮蔽的作用。且澳洲男女合组的舞蹈会，未婚的女子有腰褂，已婚的不用。遇着一种不纯洁的会，妇人也系鸟羽编成的腰褂。有许多旅行家说此等饰物，实因平日裸体，恬不为怪，正借饰物为刺激，与羞耻的意识的说明恰相反。

至于四肢的装饰，是在臂上、胫上，系着与颈饰同样的带子或绳子。后来稍稍进化一点的民族，才带镯子。

上头所说的颈饰、腰饰等等，Eskimo 都是没有的。他们的装饰品，是衣服：有裘，有衣缝上缀着的皮条、兽牙、骨类、金类制成的珠子，古铜的小钟。男子有一种上衣，在后面特别加长，很像兽尾。

综观初民身上的装饰，他们最认为有价值的，就是光彩。所以 Feuerländer 人见了玻片，就拿去作颈饰。Buschmänner 得了铜铁的环，算是幸福。他们没有工艺，得不到文明民族最光彩的装饰品。但是自然界有许多供给，如海滩上的螺壳，林木上的果实与枝茎，动物的毛羽与齿牙，他们也很满足了。

他们所用的颜色：第一是红。Goethe 曾说，红色为最能激动感情，所以初民很喜欢他。就是中国人古代尚绯衣，清朝尊红顶，也是这个缘故。其次是黄，又其次是白、是黑，大约冷色是很少选用。只有 Eskimo 的唇钮，用绿色宝石，是很难得的。他们的选用颜色，与肤色很有关系。肤色黑暗的，喜用鲜明的色：所以澳人与 Mincopie 人用白色画身，澳人又用袋鼠白牙作颈饰。肤色鲜明的，喜用黑暗之色，所以 Feuerländer 人用黑色画身，Buschmänder 人用暗色珠子作饰品。

用鸟羽作饰品，不但取他的光彩与颜色，又取他的形式。因为他在静止的时候，仍有流动的感态。自原人时代，直到现在的文明社会，永远占着饰品的资格。其次螺壳，因为他的自然形式，很像用精细人工制成的，所以初民很喜欢他。

但在文明社会，只作陈列品的加饰了。

初民的饰品，都是自然界供给，因为他们还没有制造美术品的能力。但是他们已不是纯任自然，他们也根据着美的观念，加过一番工夫。他们把毛皮切成条子，把兽牙、木果等排成串子，把鸟羽编成束子或扇形，结在头上，都含有美术的条件：就是均齐与节奏。第一条件，是从官肢的性质上来的。第二条件，是从饰品的性质上得来的。因为人的官肢，是左右均齐，所以遇着饰品，也爱均齐。要是例外的不均齐，就觉得可笑或可惊了。身上的瘢痕与雕纹，偶有不均齐的，这不是他们不爱均齐，是他们美术思想最幼稚的时代，还没有见到均齐的美处。节奏也不是开始就见到的，是他们把兽牙或螺壳等在一条绳子上串起来，渐渐儿看出节奏的关系了。Botokuden 人用黑的浆果与白的兽牙相间的串上，就是表示节奏的美丽。不过这还是两种原质的更换；别种兽牙与螺壳的排列法，或利用质料的差别，或利用颜色与大小的差别，也有很复杂的。

身上刻画的花纹，与颈饰、腰饰上兽牙、螺壳的排列法，都是图案一类，但都是附属在身上的。到他们的心量渐广，美的观念寄托在身外的物品，才有器具上的图案。

他们有图案的器具，是盾、棍、刀、枪、弓、投射器、舟、橹、陶器、桶柄、箭袋、针袋等。

图案有用红、黄、白、黑、棕、蓝等颜料画的，有刻出的。

图案的花样，是点、直线、曲屈线、波纹线、十字、交叉线、三角形、方形、斜方形、卍字纹、圆形或圆形中加点等，也有写蝙蝠、蜴蜥、蛇、鱼、鹿、海豹等全形的。写动物全形，自是摹拟自然。就是形学式的图案，也是用自然物或工艺品作模范：譬如十字是一种蜴蜥的花纹；梳形是一种蜂窠的凸纹；曲屈线相联，中狭旁广的，是一种蝙蝠的花纹；双层曲屈线，中有直线的，是蝮蛇的花纹；双钩卍字，是Cassinauhe蛇的花纹；浪纹参黑点的，是Anaconda蛇的花纹；菱形参填黑的四角形的，是Lagunen鱼的花纹。其余可以类推。因为他们所摹拟的，是动物的一部分，所以不容易推求。至于所摹拟的工艺品，是编物：最简单的陶器，勒出平行线，斜方线，都像编纹；有时在长枪上摹拟草篮的花纹，在盾上棍上摹拟带纹结纹。也有人说，陶器上的花纹，是怕他过于光滑，不易把持，所以刻上的。又有联想的关系，因陶器的发明，在编物以后，所以瓶釜一类，用筐篮作模范。军器的锋刃，最早是用绳或带系缚在柄上，后来有胶法嵌法了，但是绳带的联想仍在，所以画起来或刻起来了。Freiburg的博物院中，有两条澳人的枪。他们的锋，一是用绳缚住的；一是用树胶粘住的。但是粘住的一条，也画上绳的样子，与那一条很相像。这就是联想作用的证据。但不论为把持的便利，或为联想的关系，他们既然刻画得很精致，那就是美术的作用。

初民的图案，又很容易与几种实用的记号相混，如文字，如所有权标志，如家族徽章，如宗教上或魔术上的符号，都是。但是排列得很匀称的，就不见得是文字与标志。描画得详细，不是单有轮廓的，就不见得是符号。不是一家族的在一种器具上同有的，就不见得是徽章。又参考他们土人的说明，自然容易辨别了。

图案上美的条件，第一是节奏。单简的，是用一种花样，重复了若干次。复杂的，是用两种以上的花样，重复了若干次。就是文明民族的图案，也是这样。第二是均齐。初民的图案，均齐的固然很多，不均齐的也很不少。例如澳人的三个狭盾，一个是在双弧线中间填曲屈线，左右同数，是均齐的。他一个，是两方均用双钩的曲屈线，但一端三数，一端四数。又一个，是两方均用 r 纹，但一方二数，一方三数。为什么两方不同数？因为有一种动物的体纹是这样。他们纯粹是摹拟主义，所以不求均齐了。

图案的取材，全是人与动物，没有兼及植物。因为游猎民族，用猎得的动物作经济上的主要品。他们妇女虽亦捃拾植物，但作为副品，并不十分注意。所以刻画的时候，竟没有想到。

图案里面，有描出动物全体的，这就是图画的发端。Eskimo 人骨制的箭袋，竟雕成鹿形。又有两个针袋，一个是鱼形，又一个是海豹形。这就是造像的发端。

造像术是寒带的民族擅长一点儿。如 Hyperborä 人有骨制的人形、鱼形、海狗形等；Alëuten 人有鱼形、狐形等；Eskimo 人有海狗形等，都雕得颇精工，不是别种游猎民族所有的。

图画是各民族都很发达。但寒带的人，是刻在海象牙上，或用油调了红的粘土、黑的煤，画在海象皮上。所画的除动物形外，多是人生的状况，如雪舍、皮幕、行皮船、乘狗橇、用杈猎熊与海象等。据 Hildebrand 氏说，Tuhuetschen 人曾画月球里的人，因为他画了一个戴厚帽的人，在一个圆圈的中心点。

别种游猎民族，如澳人、Buschmänner 人都有摩崖的大幅。在鲜明的岩石上，就用各种颜色画上。在黑暗的岩壁上，先用坚石划纹，再填上鲜明的颜色。也有先用一种颜色填了底，再用别种颜色画上去的。澳人有在木制屋顶上，涂上烟煤，再用指甲作画的。又有在木制墓碑上，刻出图像的。

澳人用的颜色，以红、黄、白三种为主。黑的用木炭。蓝的不知出何等材料。调色用油。画好了，又用树胶涂上，叫他不褪。Buschmänner 人多用红、黄、棕、黑等色，间用绿色。调色用油或血。

图画的内容，动物形象最多，如袋鼠、象、犀、麒麟、水牛、各种羚羊、鬣狗、马、猿猴、鸵鸟、吐绶鸡、蛇、鱼、蟹、蜴蜥、甲虫等。也画人生状况，如猎兽、刺鱼、逐鸵鸟及舞蹈会等。间亦画树，并画屋、船等。

澳人的图画，最特别的是西北方上 Glenelg 山洞里面的人物画。第一洞中，在斜面黑壁上，用白色画一个人的上半截。头上有帽，带着红色的短线。面上画的眼鼻很清楚，其余都缺了。口是澳人从来不画的。面白。眼圈黑。又用红线黄线，描他的外廓。两只垂下的手，画出指形。身上有许多细纹，或者是瘢痕，或是皮衣。在他的右边，又画了四个女子，都注视这个人。头上都带着深蓝色的首饰，有两个带发束。第二洞中，有一个侧面人头的画，长二尺，宽十六寸。第三洞中，有一个人的像，长十尺六寸。自颔以下，全用红色外套裹着，仅露手足。头向外面，用圈形的巾子围着。这个像是用红、黄、白三色画的。面上只画两眼，头巾外围，界作许多红线，又仿佛写上几个字似的。

Buschmänner 的图画，最特别的是 Hemon 相近的山洞中的盗牛图。图中一个 Buschmänner 的村落，藏着盗来的牛。被盗的 Kaffern 人追来了。一部分的 Buschmänner 人，驱着牛逃往他处，多数的拿了弓箭来对抗敌人。最可注意的，是 Buschmänner 人躯干虽小，画的筋力很强；Kaffern 人虽然长大，但筋力是弱的。画中对于实物的形状与动作，很能表现出来。

这些游猎民族，虽然不知道现在的直线配景，与空气映景等法，但他们已注意于远近不同的排列法，大约用上下相次来表明前后相次，与埃及人一样。他们的写象实物，很有可惊的技能：（1）因为他们有锐利的观察与确实的印象。(2) 因为他们的主动机关与感觉机关适当的应用。这两种，都是游猎时代生存竞争上所必需的。

在图画与雕像两种以外，又有一种类似雕像的美术，是假面。是西北海滨红印度人的制品，是出于不羁的想象力，与上面所述写实派的雕像与图画很有点不同。动物样子最多，作人面的，也很不自然，故作妖魔的形状。与西藏黄教的假面差不多。

初民的美术，最有大影响的是舞蹈。可分为两种：一种是操练式（体操式），一种是游戏式（演剧式）。操练式舞蹈，最普及的是澳人的 Corroborris。Mincopie 人与 Eskimo 人，也都有类此的舞蹈。他们的举行，最重要的，是在两族间战后讲和的时候。其他如果蓏成熟、牡蛎收获、猎收丰多、儿童成丁、新年、病愈、丧毕、军队出发、与别族开始联欢等，也随时举行。举行的地方，或丛林中空地，或在村舍。Eskimo 人有时在雪舍中间。他们的时间，总在月夜，又点上火炬，与月光相映。舞蹈的总是男子，女子别组歌队。别有看客。有一个指挥人，或用双棍相击，或足蹴发音盘，作舞蹈的节拍。他们的舞蹈，总是由缓到急。即便到了最急烈的时候，也没有不按着节拍的。

别有女子的舞蹈，大约排成行列，用上身摇曳，或两胫展缩作姿势。比男子的舞蹈，静细得多了。

游戏式舞蹈，多有摹拟动物的，如袋鼠式、野犬式、鸵鸟式、蝶式、蛙式等。也有摹拟人生的，以爱情与战斗为最普通。澳人并有摇船式、死人复活式等。

舞蹈的快乐，是用一种运动发表他感情的冲刺。要是内部冲刺得非常，外部还要拘束，就觉得不快。所以不能不为适应感情的运动。但是这种运动，过度放任，很容易疲乏，由快感变为不快感了。所以不能不有一种规则。初民的舞蹈，无论活动到何等激烈，总是按着节奏，这是很合于美感上条件的。

舞蹈的快乐，一方面是舞人，又一方面是看客。舞人的快乐，从筋骨活动上发生。看客的快乐，从感情移入上发生。因看客有一种快乐，推想到儗人的鬼神也有这种感情，于是有宗教式舞蹈。宗教式舞蹈，大约各民族都是有的。但见诸记载的，现在还只有澳人。他们供奉的魔鬼，叫作Mindi，常有人在供奉他的地方，举行舞蹈。又有一种，在舞蹈的中间，擎出一个魔像的。总之，舞蹈的起原，是专为娱乐，后来才组入宗教仪式，是可以推想出来的。

初民的舞蹈，多兼歌唱。歌唱的词句，就是诗。但他们独立的诗歌，也不少。诗歌是一种语言，把个人内界或外界的感触，向着美的目标，用美的形式表示出来。所以诗歌可分作两大类：一是主观的，表示内界的感情与观念，就是表情诗（Lyrik）。一是客观的，表示外界的状况与事变，就是史诗与剧本。这两类都是用感情作要素，是从感情出来，仍影响到感情上去。

人类发表感情，最近的材料，与最自然的形式，是表情诗。他与语言最相近，用一种表情的语言，按着节奏慢慢儿念起来，就变为歌词了。《尚书》说："歌永言。"《礼记》说："言之不足，故长言之。长言之不足，故咏叹之。"就是这个意思。Ehrenreich 氏曾说，Botokuden 人在晚上把昼间的感想咏叹起来，很有诗歌的意味。或说今日猎得很好，或说我们的首领是无畏的。他们每个人把这些话按着节奏的念起来，且再三的念起来。澳洲战士的歌，不是说刺他那里，就说我有什么武器。竟把这种同式的语，迭到若干句。均与普通语言，相去不远。

他们的歌词，多局于下等官能的范围，如大食、大饮等。关于男女间的歌，也很少说到爱情的。很可以看出利己的特性。他总是为自己的命运发感想，若是与他人表同情的，除了惜别与挽词，就没有了。他们的同情，也限于亲属，一涉外人，便带有注意或仇视的意思。他们最喜欢嘲谑，有幸灾乐祸的习惯。对于残废的人，也要有诗词嘲谑他。偶然有出于好奇心的：如澳人初见汽车的喷烟，与商船的鹢首，都随口编作歌词。他们对于自然界的伟大与美丽，很少感触，这是他们过受自然压制的缘故。惟 Eskimo 人，有一首诗，描写山顶层云的状况，是很难得的。他的大意如下：

> 这很大的 Koonak 山在南方/我看见他；/这很大的 Koonak 山在南方/我眺望他；/这很亮的闪光，从南方起来，/我很惊讶。/在 Koonak 山的那面，/他扩充开来，/仍是 Koonak 山/但用海包护起来了。/看啊！他（云）在南方什么样？/滚动而且变化；/看呵！/他在南方什么样？/交互的演成美观。/他（山顶）所受包护的海，/是变化的云；/包护的海，/交互的演成美观。

有些人，说诗歌是从史诗起的。这不过因为欧洲的文学史，从 Homer 的两首史诗起。不知道 Homer 以前，已经有许多非史的诗，不过不传罢了。大约史诗的发起，总在表情诗以后。澳洲人与 Mincopie 人的史诗，不过参杂节奏的散文；惟有 Eskimo 的童话，是完全按着节奏编的。

普通游猎民族的史诗，多说动物生活与神话；Eskimo 多说人生。他们的著作，都是单量的（Ein Dimension），是线的样子。他们描写动物的性质，往往说到副品为止，很少能表示他特别性质与奇异行为的。说人生也是这样，总是说好的坏的这些普通话，没有说到特性的。说年长未婚的人，总是可笑的。说妇女，总是能持家的。说寡妇，总是慈善的。说几个兄弟的社会，总是骄矜的、粗暴的、猜忌的。

Eskimo 有一篇小 Kagsagsuk 的史诗，算是程度较高的。他的大意如下：

Kagsagsuk 是一个孤儿，寄养在一个穷的老妪家里。这老妪是住在别家门口的一个小窖，不能容 K.。K. 就在门口偎着狗睡，时时受大人与男女孩童的欺侮。他有一日独自出游，越过一重山，忽然有求强的志愿，想起老妪所授魔术的咒语，就照式念着。有一神兽来了，用尾拂他。由他的身上排出许多海狗骨来，说这些就是阻碍他身体发展的。排了几次，愈排愈少，后来就没有了。回去的时候，觉的很有力了。但是遇着别的孩童欺侮他，他还是忍耐着。又日日去访神兽，觉得一日一日的强起来。有一回，神兽说道："现在够了！但是要忍耐着。等到冬季，海冻了，有大熊来，你去捕他。"他回去，有欺侮他的，他仍旧忍耐着。冬季到了，有人来报告："有三个大熊，在冰山上，没有人敢近他。"K. 听到了，告他的养母要去看看。养母嘲笑他道："好，你给我带两张熊皮来，可作褥子同盖被。"他出去的时候，大家都笑看他。他跑到冰山上，把一只熊打死了，掷给众人，让他们分配去。又把那两只都打死了，剥了皮，带回家去，送给养母，说是褥子与盖被来了。那时候邻近的人，平日轻蔑他的，都备了酒肉，请他饮食，待他很恳切。他有点醉了，向一个替他取水的女孩子道谢的时候，忽然把这个女孩子捋死了。女孩子的父母不敢露出恨他的意思。忽然一群男孩子来了，他刚同他们说应该去猎海狗的话，忽然逼进队里，把一群孩子都打死了。他们这些父母，都不敢露出恨他的意思。他忽然复仇心大发了，把从前欺侮他的人，不管男女壮少，统统打死了。剩了一部分苦人，向来不欺侮他的，他同他们很要好，同消受那冬期的储蓄品。他挑了一只最好的船，很勤的练习航海术，常常作远游，有时往南，有时往北。他心里觉得很自矜了，他那武勇的名誉也传遍全地方了。

多数美术史家与美学家，都当剧本是诗歌最后的；这却不然。演剧的要素，就是语言与姿态同时发表。要是用这个定义，那初民的讲演，就是演剧了。初民讲演一段故事，从没有单纯口讲的，一定随着语言，做出种种相当的姿势，如Buschmänner遇着代何种动物说语，就把口做成那一个动物的口式。Eskimo的讲演，述那一种人的话，就学那一种人的音调，学的很像。我们只要看儿童们讲故事，没有不连着神情与姿态的，就知道演剧的形式是很自然、很原始的了。所以纯粹的史诗，倒是诗歌三式中最后的一式。

普通人对于演剧的观念，或不在兼有姿态的讲演，反重在不止一人的演作。就这个狭义上观察，也觉得在低级民族，早已开始了。第一层，在 Grönland 有两人对唱的诗，并不单是口唱，各做出许多姿态，就是演剧的样子。而且这种对唱，在澳洲也是常见的。第二层，游戏式舞蹈，也是演剧的初步。由对唱到演剧，是添上地位的转动。由舞蹈到演剧，是添上适合姿态的语言。讲到内部的关系，就不容易区别了。

Alëuten 人有一出哑戏。他的内容，是一个人带着弓，作猎人的样子。别一个人扮了一只鸟。猎人见了鸟，做出很爱他，不愿害他的样子。但是鸟要逃了，猎人很着急；自己计较了许久，到底张起弓来，把鸟射死了。猎人高兴的跳舞起来。忽然，他不安了，悔了，于是乎哭起来了。那只死鸟又活了，化了一个美女，与猎人挽着臂走了。

澳洲人也有一出哑戏，但有一个全剧指挥人，于每幕中助以很高的歌声。第一幕，是群牛从林中出来，在草地上游戏。这些牛，都是土人扮演的，画出相当的花纹。每一牛的姿态，都很合自然。第二幕，是一群人向这牧群中来，用枪刺两牛，剥皮切肉，都做得很详细。第三幕，是听着林中有马蹄声起来了，不多时，现出白人的马队，放了枪把黑人打退了。不多时，黑人又集合起来，冲过白人一面来，把白人打退了，逐出去了。

这些哑戏，虽然没有相当的诗词，但他们编制很有诗的意境。

在文明社会，诗歌势力的伸张，半是印刷术发明以后传播便利的缘故。初民既没有印刷，又没有文字，专靠口耳相传，已经不能很广了。他们语音相同的范围又是很狭。他们的诗歌，除了本族以外，传到邻近，就同音乐谱一样了。

文明社会，受诗歌的影响，有很大的，如希腊人与Homer，意大利人与Dante，德意志人与Goethe，是最著的例。初民对于诗歌，自然没有这么大影响；但是他们的需要，也觉得同生活的器具一样。Stokes氏曾说，他的同伴土人Miago遇着何等对象，都很容易很敏捷的构成歌词。而且说，不是他一人有特别的天才，凡澳人普通如此。Eskimo人也是各有各的诗。所以他们并不怎么样的崇拜诗人。但是对于诗歌的价值，是普通承认的。

与舞蹈、诗歌相连的，是音乐。初民的舞蹈，几乎没有不兼音乐的。仿佛还偏重音乐一点儿。Eskimo舞蹈的地方，叫作歌场（Quaggi）；Mincopie人的舞蹈节，叫作音乐节。

初民的唱歌，偏重节奏，不用和声。他们的音程也很简单，有用三声的，有用四声的，有用六声的。对于音程，常不免随意出入。Buschmänner的音乐天才，算是最高。欧人把欧洲的歌教他们，他们很能仿效。Liehtenstein氏还说，很愿意听他们的单音歌。

他们所以偏重节奏的缘故：一是因他本用在舞蹈会上；二是乐器的关系。

初民的乐器，大部分是为拍子设的。最重要的是鼓。惟Botokuden人没有这个，其余都是有一种，或有好几种。最早的形式，怕就是澳洲女子在舞蹈会上所用的，是一种绷紧鼓的袋鼠皮，平日还可以披在肩上作外套的，有时候把土卷在里面。至于用兽皮绷在木头上面的作法，是在Melanesier见到的。澳北Queenländer有一种最早的形式，是一根坚木制成的粗棍，打起来声音很强，这种声杖，恰可以过渡到Mincopie人的声盘。声盘是舞蹈会中指挥人用的，是一种盾状的片子，用坚木制成的；长五尺，宽二尺；一面凸起，一面凹下；凹下的一面，用白垩画成花纹。用的时候，凹面向下；把窄的一端嵌入地平，指挥人把一足踏住了；为加增嘈音起见，在宽的一端，垫上一块石头。Eskimo人用一种有柄的扁鼓，他的箍与柄，都是木制，或用狼的腿骨制；他的皮，是用海狗的，或驯鹿的；直径三尺；用长十寸粗一寸的棍子打的。Buschmänner的鼓，荷兰人叫作Rommelpott，是用一张皮绷在开口的土瓶或木桶上面，用指头打的。

Eskimo人、Mincopie人与一部分的澳洲人，除了鼓，差不多没有别的乐器了。独有澳北PortEssington土人有一种箫，用竹管制的，长二三尺，用鼻孔吹他。Botokuden人没有鼓，有两种吹的乐器：一是箫，用Taquara管制的，管底穿几个孔，是妇女吹的。二是角，用大带兽的尾皮制的。

Buschmänner有用弦的乐器。有几种不是他们自己创造的：一种叫 Guitare，是从非洲黑人得来。一种壶卢琴，从 Hottentotten 得来。壶卢琴是木制的底子，缀上一个壶卢，可以加添反响；有一条弦，又加上一个环，可以申缩他颤声的部分。止有 Gora，可信是 Buschmänner 固有的、最早的弦器，他是弓的变形。他有一弦，在弦端与木槽的中间，有一根切成薄片的羽茎插入。这个羽茎，由奏乐的用唇扣着，凭着呼吸去生出颤动来，如吹洞箫的样子。这种由口气发生的谐声，一定很弱；他那拿这乐器的右手，特将第二指插在耳孔，给自己的声觉强一点儿。他们奏起来，竟可到一点钟的长久。

总之初民的音乐，唱歌比器乐发达一点。两种都不过小调子，又是偏重节奏，那谐声是不注意的。他那音程，一是比较的简单；二是高度不能确定。

至于音乐的起源，依达尔文说，是我们祖先在动物时代，借这个刺激的作用，去引诱异性的。凡是雄的动物，当生殖欲发动的时候，鸣声常特别发展，不但用以自娱，且用以求媚于异性。所以音乐上的主动与受动，全是雌雄淘汰的结果。但诱导异性的作用，并非专尚柔媚，也有表示勇敢的。譬如雄鸟的美翅，固是柔媚的；牡狮的长鬣，却是勇敢的。所以音乐上遗传的，也有激昂一派，可以催起战争的兴会。现在行军的没有不奏军乐。据 Buckler 与 Thomas 所记，澳洲土人将要战斗的时候，也是把唱歌与舞蹈激起他们的勇气来。

又如叔本华说各种美术，都有模仿自然的痕迹，独有音乐不是这样，所以音乐是最高尚的美术。但据 AbbéDubos 的研究，音乐也与他种美术一样，有模仿自然的。照历史上及我们经验上的证明，却不能说音乐是绝对没有模仿性的。

要之音乐的发端，不外乎感情的表出。有快乐的感情，就演出快乐的声调；有悲惨的感情，就演出悲惨的声调。这种快乐或悲惨的声调，又能引起听众同样的感情。还有他种郁愤、恬淡等等感情，都是这样。可以说是人类交通感情的工具。斯宾塞尔说"最初的音乐，是感情激动时候加重的语调"，是最近理的。如初民的音乐，声音的高度，还没有确定，也是与语调相近的一端。

现在综合起来，觉得文明人所有的美术，初民都有一点儿。就是诗歌三体，也已经不是混合的初型，早已分道进行了。止有建筑术，游猎民族的天幕、小舍，完全为避风雨起见，还没有美术的形式。

我们一看他们的美术品，自然觉得同文明人的著作比较，不但范围窄得多，而且程度也浅得多了。但是细细一考较，觉得他们所包含美术的条件，如节奏、均齐、对比、增高、调和等等，与文明人的美术一样。所以把他们的美术与现代美术比较，是数量的差别比种类的差别大一点儿；他们的感情是窄一点儿，粗一点儿；材料是贫乏一点儿；形式是简单一点儿，粗野一点儿；理想的寄托，是幼稚一点儿。但是美术的动机、作用与目的，是完全与别的时代一样。

凡是美术的作为，最初是美术的冲动（这种冲动，是各别的，如音乐的冲动，图画的冲动，往往各不相干。不过文辞上可以用“美术的冲动”的共名罢了）。这种冲动，与游戏的冲动相伴，因为都没有外加的目的。又有几分与摹拟自然的冲动相伴，因而美术上都有点摹拟的痕迹。这种冲动，不必到什么样的文化程度，才能发生；但是那几种美术的冲动，发展到一种什么程度，却与文化程度有关。因为考察各种游猎民族，他们的美术，竟相类似，例如装饰、图像、舞蹈、诗歌、音乐等，无论最不相关的民族，如澳洲土人与Eskimo竟也看不出差别的性质来。所以Taine的“民族特性”理论，在初民还没有显著的痕迹。

这种彼此类似的原因，与他们的生活，很有关系。除了音乐以外，各种美术的材料与形式，都受他们游猎生活的影响。看他们的图案，止摹拟动物与人形，还没有采及植物，就可以证明了。

Herder与Taine二氏，断定文明人的美术，与气候很有关系。初民美术，未必不受气候的影响，但是从物产上间接来的。在文明人，交通便利，物产上已经不受气候的限制，所以他们美术上所受气候的影响，是精神上直接的。精神上直接的影响，在初民美术上，还没有显著的痕迹。

初民美术的开始，差不多都含有一种实际上目的，例如图案是应用的便利；装饰与舞蹈，是两性的媒介；诗歌、舞蹈与音乐，是激起奋斗精神的作用；尤如家族的徽志，平和会的歌舞，与社会结合，有重要的关系。但各种美术的关系，却不是同等。大约那时候，舞蹈是很重要的。看西洋美术史，希腊的人生观，寄在造像；中古时代的宗教观念，寄在寺院建筑；文艺中兴时代的新思潮，寄在图画；现在人的文化，寄在文学；都有一种偏重的倾向。总之，美术与社会的关系，是无论何等时代，都是显著的了。从柏拉图提出美育主义后，多少教育家都认美术是改造社会的工具。但文明时代分工的结果，不是美术专家，几乎没有兼营美术的余地。那些工匠，日日营机械的工作，一点没有美术的作用参在里面，就觉枯燥的了不得，远不及初民工作的有趣。近如Morris痛恨于美术与工艺的隔离，提倡艺术化的劳动，倒是与初民美术的境象，有点相近。这是很可以研究的问题。

（刊1920年《新潮》）

美术的进化

前次讲文化的内容，方面虽多，归宿到教育。教育的方面，虽也很多，他的内容，不外乎科学与美术。科学的重要，差不多人人都注意了。美术一方面，注意的还少。我现在要讲讲美术的进化。

美术有静与动两类：静的美术，如建筑、雕刻、图画等，占空间的位置，是用目视的。动的美术，如歌词、音乐等，有时间的连续，是用耳听的。介乎两者之间是跳舞，他占空间的位置，与图画相类；又有时间的连续，与音乐相类。

跳舞的起原很简单，动物中，如鸽、雀，如猫、狗，高兴时候，都有跳舞的状态。澳洲有一种鸟，且特别用树枝造成一个跳舞厅。到跳舞之进化的时候，我们所知道的非、澳、亚、美等洲的未开化人，都有各种跳舞，他那舞人，必是身上画了花纹，或加上各种装饰，那就是图案与装饰品的起原。跳舞的地方，有在广场的，但也有在草舍或雪屋中间，这就是建筑的起原。又如跳舞会中，必要唱歌，是诗歌与他种文学的起原。跳舞时，常用简单的乐器，指示节拍，这就是音乐的起原。似乎各种美术，都随着跳舞而发生的样子。所以有人说最早的美术就是跳舞，也不为无因。

未开化人的跳舞，本有两种：一种是体操式，排成行列，注重节奏。中国古代的舞，有一部分属于此类，如现在文庙中所演的。欧洲人的跳舞会，也是此类。不过未开化人的跳舞，男女分班。男子跳舞时，女子组成歌队。女子的跳舞会，男子不参加。欧人现在的跳舞会，却是男女同舞的。欧人歌剧中，例有一段跳舞，全由女子组成，也是体操式的发展。

未开化人的跳舞，又有一种，是演剧式，或摹拟动物状态，或装演故事，这就是演剧的起原。我们周朝的武舞，一段一段演武王伐殷的样子，这已经近于演剧。后来优孟扮演孙叔敖，就是正式的演剧了。我们正式的演剧，元以后始有文学家的曲本。直到今日，还没有著名的进步。最流行的二黄、梆子等，意浅词鄙，反更不如昆曲了。欧洲现行的戏剧，约有三种：一是歌剧（Opera），全用歌词，以悲剧为多。二是白话剧（Drama），全用白话，亦不参用音乐，兼有悲剧、喜剧。现在中国人叫作新剧的就是这一类。三是小歌剧（Operetta），歌词与白话相间，与我们的曲本相类，多是喜剧。以上三种，都出自文学家手笔。时时有新的著作，有种种的派别，如理想派、写实派、神秘派等。他们的剧场，有专演一种的，也有兼演两种或三种的，但是一日内所演的剧，总是首尾完具，耐人寻味的。别有一种杂耍馆，各幕不相连续，忽而唱歌，忽而谐谈，忽而舞蹈，忽而器乐，忽而禽言，忽而兽戏，忽而幻术，忽而赛拳，纯为娱耳目起见，不含有何种理想。闻英国的戏场，多是此类，不过有少数的专演名家剧本，此亦英人美术观念，与意、法等国不同的缘故。我们的剧场，虽然并不参入幻术、兽戏等等，但是，第一，注意于唱工戏、武戏、小戏等如何排列；第二，注意于唱工戏中，生、旦、净、末的专戏应如何排列，纯从技术上分配平均起见，并无文学上的关系，尚是杂耍馆一类。

最早的装饰，是画在身上。热带的未开化人用不着衣服，就把各种花纹画在身上作装饰。现在妇女的擦脂粉、戏子的打脸谱，是这一类。

进步一点，觉得画的容易脱去，在皮肤上刻了花纹，再用颜色填上去。大约暗色的民族，用浅的瘢痕；黄色或古铜色的民族，用深的雕纹。我们古人叫作“纹身”，或叫作“雕题”。至于不用瘢痕，或雕纹的民族，也有在唇上或耳端凿一孔，镶上木片，叫他慢慢儿扩大的。总之，都是矫揉造作的装饰，在文明人的眼光里，只好算是丑状了。但是近时的缠足、束腰、穿耳，也是这一类。

进一步，不在皮肤上用工了，用别种装饰品，加在身上。头上的冠巾，头上的挂件，腰上的带，在未开化人，已经有种种式样。文化渐进，冠服等类，多为卫生起见，已经渐趋简单。但尚有叫作“时式”的，如男子时式衣服，以伦敦人为标准；女子时式衣服，以巴黎人为标准。往往几个月变一个样子，这也是未开化时代的遗俗罢了。

再进一步，不限于身上的装饰，移在身外的器具了。武器如刀、盾等，用器如舟、橹、锅、瓶等，均有画的或刻的花纹，这就是纯粹的图案画。起初是点线等，后来采用动物的形式，后来又采用植物的形式。

更进一步，不但装饰在个人所用的器具上，更要装饰在大家公共的住所上了。穴居时代，已经有壁画，与摩崖的浮雕。到此时期，渐渐的脱卸装饰的性质，产生独立的美术。

器具不但求花纹同色彩的美，更求形式的美。如瓷器及金类玉类等器，均有种种美观的形式。

雕刻的物像，不但附属在建筑上，而且还演为独立的造像。中国墓前有石人、石马，寺观内有泥塑、木雕、玉刻、铜铸的像。虽然有几个著名的雕塑家，如晋的戴颙、元的刘玄，但是无意识的模仿品居多数。西洋自希腊时代，已有著名造像家，流传下来的石像、铜像，都优美得很。自文艺中兴时代，直至今日，常有著名的作家。

图画也不但附在壁上，还演为独立的画幅，所画的也不但是单纯的物体，还演为复杂的历史画、风俗画、山水画等。中国的图画，算是美术中最发达的，但是创造的少，模仿的多。西洋的图画家，时时创立新派，而且画空气，画光影，画远近的距离，画人物的特性，都比我们进步得多。

建筑的美观，起初限于家庭。后来推行到公共建筑，如宗教的寺观，帝王的宫殿。近来偏重在学校、博物院、图书馆、公园等。最广的，就是将一所都市，全用美观的计划，布置起来。

以上都是说静的美术，今要说动的美术，就是诗歌与音乐。

在跳舞会上的歌词，是很简单的。演而为独立的小调，又演而为三派的文学。一是抒情诗，如中国的诗与词，起初专为歌唱，后来渐渐发展，专用发表感想，不过尚有长短音的分配，韵的呼应。到近来的新体诗，并长短音与韵也可不拘了。一是戏曲，起初全是歌词，后来参加科白，后来又有一体，完全离音乐而独立，通体用白话了。一是小说，起初是神话与动物谈，后来渐渐切近人事。起初描写的不过通性，后来渐渐的能表示特性。起初全凭讲演，语言与姿态同时发表，后来传抄印刷，完全是记述与描写的文学了。

跳舞会的音乐，是专为拍子而设，或用木棍相击，或用兽皮绷在木头上。由此进步，演为各种的鼓。澳洲土人有一种竹管，用鼻孔吹的。中国古书说音乐起于伶伦取竹制筒，大约吹的乐器，都由竹管演成的。非洲土人，有一种弓形的乐器，后来演成各种弦器。初民的音乐重在节奏，对于音阶的高下，不很注意。近来有种种的曲谱，有各种关于音乐的科学，有教授音乐的专门学校，有超出跳舞会与戏剧而独立的音乐会，真非常的进步了。

观各种美术的进化，总是由简单到复杂，由附属到独立，由个人的进为公共的。我们中国人自己的衣服、宫室、园亭，知道要美观，却不注意于都市的美化。知道收藏古物与书画，却不肯合力设博物院，这是不合于美术进化公例的。

（刊 1921 年《北京大学日刊》）

美术批评的相对性

我们对于一种被公认的美术品，辄以“有目共赏”等词形容之。然考其实际，决不能有如此的普遍性。孔子对于善恶的批评，尝谓乡人皆好、乡人皆恶均未可，不如乡人之善者好之，其不善者恶之。美丑也是这样，与其要人人说好，还不如内行的说好，外行的说丑，靠得住一点。这是最普通的一点。至于同是内行，还有种种关于个性与环境的牵制，也决不能为绝对性，而限于相对性。请举几条例。

（一）习惯与新奇　我们对于素来不经见的事物，初次接触，觉得格格不相入。在味觉上，甲地人尝到乙地食物时，不能下咽；在听觉上，东方人初听西方音乐时，觉得不入耳。若能勉强几次，渐渐儿不觉讨厌，而且引起兴味。所以一切美术品，若批评者尚未到相习的程度，就容易抹杀他的佳处。

反之，我们还有一种习久生厌的心理。常住繁华城市中的人，一到乡村，觉得格外清幽；而过惯单调生活的人，又以偶享繁复的物质文明为快乐。美术批评，或惯于派别不同的，而严于派别相同的，就起于这种心理。

（二）失望与失惊　对于平日间素所闻名的作家，以为必有过人的特色；到目见以后，觉得不过尔尔，有所见不逮所闻的感想，就不免抑之太甚。对于素不相识的，初以为不足注意，而忽然感受点意外的刺激，就不免逾格的倾倒。

（三）阿好与避嫌　同一瑕不掩瑜的作品，作者与自己有交情的，就取善之从者的态度；若是与自己有意见的，就持吹毛求疵的态度，这是普通的偏见。但也有因这种偏见的普通而有意避免的，他的态度，就完全与上述相反。

（四）雷同与立异　对于享受盛名的人，批评家不知不觉的从崇拜方面说话；就是有不满意处，也因慑于权威而轻轻放过。但也有与此相反的心理，例如王渔洋诗派盛行的时候，赵秋谷等偏攻击他。文西在弗罗绫斯大受欢迎的时候，弥楷朗赛罗偏轻视他。这也是批评家偶有的事实。

（五）陈列品的位置与叙次　美术品的光色，非值适当的光线，不容易看出；观赏者非在适当的距离与方向，也不能捉住全部的优点。巴黎卢佛儿对于文西的《摩那丽赛》，荷兰国之美术馆对于兰勃郎的《夜巡图》，都有特殊的装置。就是这个缘故，在罗列众品的展览会，每一种美术，决不能均占适宜的地位。观察的感想，就不能望绝对的适应。又因位置的不同，而观赏时有先后，或初见以为可取，而屡见则倾于厌倦；当厌倦时而忽发见有一二特殊点，则激刺较易。这也是批评者偶发的情感，不容易避免的。

右列诸点，均足以证明一时的批评，是相对的，而非绝对的。批评者固当注意，而读批评的人，也是不能不注意的。

（刊 1929 年的《美展》）

在北大画法研究会演说词

今日为画法研究会第二次始业式，人数视前增加，是极好的现象。此后对于习画，余有二种希望，即多作实物的写生，及持之以恒二者是也。

中国画与西洋画，其入手方法不同。中国画始自临摹，外国画始自实写。《芥子园画谱》，逐步分析，乃示人以临摹之阶。此其故，与文学、哲学、道德有同样之关系。吾国人重文学，文学起初之造句，必倚傍前人，入后方可变化，不必拘拟。吾国人重哲学，哲学亦因历史之关系，其初以前贤之思想为思想，往往为其成见所囿，日后渐次发展，始于已有之思想，加入特别感触，方成新思想。吾国人重道德，而道德自模范人物入手。三者如是，美术上遂亦不能独异。西洋则自然科学昌明，培根曰：人不必读有字书，当读自然书。希腊哲学家言物类原始，皆托于自然科学。亚里斯多德随亚力山大王东征，即留心博物学。德国著名文学家鞠台喜研究动植物，发见植物千变万殊，皆从叶发生。西人之重视自然科学如此，故美术亦从描写实物入手。今世为东西文化融和时代。西洋之所长，吾国自当采用。抑有人谓西洋昔时已采用中国画法者，意大利文学复古时代，人物画后加以山水，识者谓之中国派；即法国路易十世时，有罗科科派，金碧辉煌，说者谓参用我国画法。又法国画家有摩耐者，其名画写白黑二人，惟取二色映带，他画亦多此类，近于吾国画派。彼西方美术家，能采用我人之长，我人独不能采用西人之长乎？故甚望中国画者，亦须采西洋画布景写实之佳，描写石膏物像及田野风景，今后诸君均宜注意。此予之希望者一也。

又昔人学画，非文人名士任意涂写，即工匠技师刻画模仿。今吾辈学画，当用研究科学之方法贯注之。除去名士派毫不经心之习，革除工匠派拘守成见之讥，用科学方法以入美术。美虽由于天才，术则必资练习。故入会后当认定主义，誓以终身不舍。兴到即来，时过情迁，皆当痛戒。诸君持之以恒，始不负自己入斯会之本意。此予之希望者二也。

除此以外，余欲报告者三事：（1）花卉画导师陈师曾先生辞职，本会今后拟别请导师，俟决定后再行发表。（2）画会会所急求扩充，俟觅得相当地点，再行迁徙，与各会联络一起。（3）上学年所拟向收藏家借画办法，本年拟实行，拟请冯汉叔先生筹之。

（刊 1918 年《北京大学日刊》）

旅法中国美术展览会招待会演说词

这一次，我们在欧洲研究美术的诸同学，发起一个中国美术会，由研究科学的诸同学共同经营，并受中法各方面同志的赞助，业于昨日开幕，参观的都很满意。诸同学赞扬祖国美术的热心，与要把祖国美术与世界美术互换所长的希望，都已表示出来。今日又承诸同学在此举行宴会，代表我们祖国的陈公使与各位来宾、法国方面这次赞助展览会的官吏与学者，都肯光临，这实在是一个非常的盛会。我于感谢诸位同学与来宾之际，有一种感觉，就是学术上的调和，与民族间的调和。

有人疑科学家与美术家是不相容的，从科学方面看，觉得美术家太自由，不免少明确的思想；从美术方面看，觉得科学家太枯燥，不免少活泼的精神。然而事实上并不如此，因为爱真爱美的性质，是人人都有的。虽平日的工作，有偏于真或偏于美的倾向；而研究美术的人，决不致嫌弃科学的生活；专攻科学的人，也决不肯尽弃美术的享用。文化史上，科学与美术，总是同时发展。美术家得科学家的助力，技术愈能进步；科学家得美术的助力，研究愈增兴趣。看此次科学家与美术家共同布置的情形，与今日欢宴的状况，也可以证明的。

有人疑两民族相接触，为生存竞争的原故，一定是互相冲突的。但是眼光放大一点，觉得两民族间的利害，共同的一定比冲突的多。就是偶然有点冲突的，也大半出于误会；只要彼此互相了解，一定能把冲突点解除的。性质相异的两民族互相了解的进行，稍难一点；若性质相近的，进行很易。我觉得法国人与中国人性质相近的很多。例如率真、和易、勤而不吝、自爱而不骄、不为偏狭之爱国主义而牺牲世界主义，都是相同的。在美术上都是优美的多，很少神秘性与压迫性。看此次展览会承法国官吏与学者竭诚赞助，与今日在此欢宴的状况，也是可以证明的。

我向来觉得美是各种相对性的调和剂，今日感到这两种的调和作用，我觉得非常愉快。我再感谢诸位同学与诸位来宾给我这么一个机会。

（刊1924年《东方杂志》）

创办国立艺术大学之提案

（一）重要理由 美育为近代教育之骨干。美育之实施，直以艺术为教育，培养美的创造及鉴赏的知识，而普及于社会。是故东西各国，莫不有国立美术专门学校、音乐院、国立剧场等之设立，以养成高深艺术人才，以谋美育之实施与普及，此各国政府提倡美育之大概情形也。中国鼎革以来，各种学校日渐推广；惟国立艺术学校，仅于民国七年在北京设立一校，然几经官僚之把持，军阀之摧残，已不成其为艺术学校矣；况经费困难，根本组织即不完善耶。我国民政府为励行革命教育计，尤不可不注意富有革命性之艺术教育，急谋所以振兴之。除北伐成功，将北京学校收回扩大，以为发展华北艺术教育之大本营外，以中国地域之广，人口之众，教育当务之急，应在长江流域设一国立艺术大学，以资补救，而便提倡。此本会向中华民国大学院建议创办国立艺术大学之最大理由也。

（二）适当地址　美育之目的，在陶冶活泼敏锐之性灵，养成高尚纯洁之人格，故为达到美育实施之艺术教育，除适当之课程外，尤应注意学校的环境，以引起学者清醇之兴趣、高尚之精神。故校舍应择风景都丽之区，建筑应取东西各种作风之长，而以单纯雄壮为条件，期与天然美相调和，而切于实用。环顾国内各省形势，以山水论，川蜀最奇，然地逼边陲，交通殊多未便；庐山为长江第一名胜，亦以去大埠略远，非有巨资不易建设；金陵为总理指定之首都，有山有水，办理固所宜也，但城市嚣张之气日盛，加以政治未上轨道，政潮起伏，常影响学校之秩序与安全。窃以为最适宜者，实莫过于西湖。盖其地山水清秀，逶迤数百里，能包括以上各名胜之长，而补其所不足。且该地庙宇建筑，颇多宏丽，若就改造，可省建筑费一大部分。况庙宇所占之地，风景绝佳，欲另建筑，胜地已不易得。将来若能将湖滨一带，拨归艺大管辖，加以整理，设立美术馆、音乐院、剧场等，成为艺术之区，影响于社会艺术前途，岂不深且远耶！

（三）最低经费　在毫无艺术教育基础之中国，创办艺术最高学府，非累数十百万，本难措手，但以极节省极简要之组织及方法行之，亦可省许多经费。譬如办事方面，本欲以十人分作之事，而以二人合作之；本欲照习惯支五百或二百五十元之薪俸者，而以四百元或一百五十元分配之，则所省殊不少。如果更以一次应行购置之图书教具，而以逐年渐次行之，最先止于勉强应用，则开办所省又特多矣。所最不可省者，厥为教员薪俸，此学校命脉所关，稍不敷用，则教员生活不能安定，缺席之事必多，学校精神因此颓唐，教育前途不堪设想。本提案内预算表，以五院之多，教员暂采兼任制，以三十六人至四十人为度。职员自校长至书记，暂定二十四人，杂役十六人，第一年经费不过十二万零九百六十元。开办费，连修葺校舍及购置石膏模塑，建筑仪器各大宗，犹不过二万八千九百元，合计第一年经费尚不满十五万（十四万〇九百八十元）。比之其他国立大学，动需三四十万者，不过三分之一，或十分之五也。想政府对于此十余万元全国惟一之艺术教育费，当不难设法筹足之也。

（四）着手办法理 理由成立、地点决定、预算通过后，此处详叙办法：应即于十七年一月内，请大学院延聘具有艺术教育经验及热心教育者九人至十一人，组织筹备委员会，讨论大学组织法及课程纲要，与一切筹备事宜，并设办事处于西湖。派常务委员二人，常驻该处，办理校舍之修葺或建筑事项。派代表一人至法国或日本，采办石膏模型及各种图书仪器，以为第一学年必需之教具。

大学预定组织为五院：（1）国画院，（2）西画院，（3）图案院，（4）雕塑院，（5）建筑院。〔或将中、西画合并，则（1）绘画院，（2）雕塑院，（3）建筑院，（4）工艺美术院等四大院；但科目班次，教员均不能裁减。〕每院招新生两班，每班二十五人至三十人，不足时得招选科生若干补充之。以后每年新生班次，视投考学生之多寡为伸缩，但至多每院亦设一班。全国各私立学校学生转学办法，均从第二学年起，无论曾在私立学校修业若干年，均从第二学年起凭考试插入二年级；不得专为转学学生，再开最高年级班次。此外，至学校成立四年后，设立研究院，本院四年级高材生及校外有艺术天才之私立艺术学校学生，皆得投考该院。至本校修业五年期满、受过毕业考试者，均可自由请求入院，再求深造。此国立艺术大学之大体计划也。

（1928 年作）

与《时代画报》记者谈话

记者：蔡先生以前曾看过《时代画报》没有？

蔡：看过，而且很喜欢看。

记者：不知先生有什么指教没有？

蔡：我以为画报实在是社会上极需要的一种刊物。我们中国太多的是看不见的东西。譬如文章，不错，文章里面有什么东西都讲到的，但是尽使他形容得多少美丽，描写得多少真切，结果我们仍不过是读到了文章。峨眉山、希马拉亚山的高，莱芒湖、西湖的美，万里长城、凯旋门的雄伟，尼加拉瀑布的壮大等等，读文章总不如见到了形状来得更可以感动。况且从文章里读来的和照相里看到的，根本是两样东西，印象也不同。余如世界的名画，当然我们没有几个人能有那种机会亲自去看。哄动一时的新闻与人物，我们也不能每次在场，或是按户去拜访，那么有了画报，多少便可以去安慰这样渴望的一部分了。当然，如能每一样都能见到真迹是更幸福的事，但是这几乎是不可能的事。所以我极赞成有图画的刊物。说大一些，竟然是极有关系于国家社会的前途的。希望你们努力做去，你们的责任是极大的，你们的功劳实在不小。

记者：承蒙蔡先生赞许，我们当然要更加努力。

蔡：我还希望你们能多征集些工艺美术的材料。

记者：是的，这是在我们计划中的。关于工艺美术，我们也希望你赐教些意见。

蔡：我们中国在唐代前后极是注重工艺美术的。便是工艺美术也是在那时候最兴盛。这可以算是我国文化的全盛时期。我国的绘画本来就偏重于图案方面，工艺美术因此有很好的成绩是意中事。

记者：先生对于欧洲的图画有什么意见？

蔡：那是一国有一国的特长，我是没有不喜欢的。

记者：先生以为我国的图案是否应当去受外国的影响？有许多人以为我国的图案画当完全保持他固有的特趣，是不宜渗入些异国情调的。

蔡：当然一方有一方的理由。不过我以为如能参考了外国的作品，采取得当，而溶化在一起，造成一种新中国的图案画，以应付现时代的需求，是也未始不可的。

记者：先生主持的中央研究院陶瓷试验场已有不少的出品了吧？

蔡：成绩还不差。我国的陶器，本来可以说是全世界最好的一种。但是历来已少有人去注意，制瓷不过供日用的器皿，只图金钱，但知模仿前代而无有创造，因之缺少了改进，一天天退步下来，反而不及外国远远了。我们早就觉察到这一种落后的羞耻，因此有陶瓷试验场的设立，俾我国固有的一种艺术有重见天日的一天。

记者：先生以前提倡的“美育”，现在外面又有许多人在讨论这个问题了，是不是？

蔡：是吧？我以前曾经很费了些心血去写过些文章；提倡人民对于美育的注意。当时有许多人加入讨论，结果无非是纸上空谈。我以为现在的世界，一天天望科学路上跑，盲目地崇尚物质，似乎人活在世上的意义只为了吃面包，以致增进食欲的劣性，从竞争而变成抢夺，我们竟可以说大战的酿成，完全是物质的罪恶。现在外面谈起第二次世界大战的议论很多，但是一大半只知裁兵与禁止制造军火；其实仍不过是表面上的文章，根本办法仍在于人类的本身。要知科学与宗教是根本绝对相反的两件东西。科学崇尚的是物质，宗教注重的是情感。科学愈昌明，宗教愈没落，物质愈发达，情感愈衰颓，人类与人类一天天隔膜起来，而互相残杀。根本是人类制造了机器，而自己反而成了机器的奴隶，受了机器的指挥，不惜仇视同类。我们提倡美育，便是使人类能在音乐、雕刻、图画、文学里又找见他们遗失了的情感。我们每每在听了一支歌，看了一张画、一件雕刻，或是读了一首诗、一篇文章以后，常会有一种说不出的感觉；四周的空气会变得更温柔，眼前的对象会变得更甜蜜，似乎觉到自身在这个世界上有一种伟大的使命。这种使命不仅仅是使人人要有饭吃，有衣裳穿，有房子住，他同时还要使人人能在保持生存以外，还能去享受人生。知道了享受人生的乐趣，同时更知道了人生的可爱，人与人的感情便不期然而然地更加浓厚起来。那么，虽然不能说战争可以完全消灭，至少可以毁除不少起衅的秧苗了。

（1930 年作）

中国之书画

中国美术，以书画为主要品，而两者又互有密切之关系。其故有四：

（一）起源同一　书始于指事、象形之文，犹之画也。今之行、楷，虽形式已多改变，而溯源尚易。

（二）工具共通　书画皆用毛笔；画之设色，虽非书所有，而水墨画则又与书近。甚而装裱之法，如手卷、立轴、横幅等，亦无区别。

（三）平行演进　自汉以后，书画进化之程度，大略相等；其间著名作家，相承不绝，有系统可寻。其他建筑、雕塑及美术工艺品，则偶有一时勃兴，而俄焉衰歇；或偶有一二人特别擅长，而久无继起者。

（四）互相影响　自宋以后，除画院供奉品外，无不以题识为画面之一种要素。最近除仇英一家外，善画者无不善书。其他布置习惯，如扇面上两叶上之半书半画，厅堂上之中悬画轴、旁设对联，皆呈互相辉映之观。若铜器上、瓷器上之饰文，亦常并列书画。其互相关系之密切，可以见矣。

今欲述中国书画进化之大概，可别为三个时期。秦以前（西元前二〇五年前）为古代，为萌芽时期；自汉至唐末（西元前二〇四年至西元九〇七年）为中古，为成熟时期；自五代至清末（西元九〇八年至一九一一年）为近世，为特别发展时期。今按此三时期分别叙述，而殿以民国元年以来现代之状况焉。

第一章　古代——书画萌芽时期

中国古书所记，伏羲氏始作八卦，造书契。其后有距今四六二八年前（西元前二六九八年）即位之黄帝，命其臣仓颉作书，史皇作图。神话而已，无以证其信否。又言帝舜（西元前二二五六年即位）："观古人之象，日月星辰山龙华虫作会；宗彝藻火粉米黼黻絺绣，以五采彰施于五色，作服。"（《尚书》）（华虫，雉也。会，同绘。宗彝，虎蜼也，蜼为猿类。黼，作斧形，黻作"亞"形）又称夏方有德（西元前二二〇七年至一七六六年），远方图物，贡金九牧，铸鼎象物，百物而为之备；使民知神奸，故民入川泽山林，不逢不若；魑魅魍魉，莫能逢之。（《春秋左氏传》宣公三年）

是舜时已知用五采绘绣，且以天象、动物、植物及用品为图案，而夏初且能图像怪物；然是否信史，尚属疑问。

北京地质调查所曾在河南、奉天、甘肃等处发现新石器时代及初铜器时代之彩色陶器，大抵在西元前三千年与二千年之间，其陶器或红地黑纹，或灰地红纹，或淡红地加深红彩色，为当时已知利用彩色之证。（见《古生物志》丁种第一号，河南石器时代之着色陶器）其出自河南遗墟者，仅示几何花纹，如直线、曲线、弧形，8 形、螺线及带纹等；出自甘肃者，更具有各种动物图形，如马形、鸟形等，且有作人形及车形者。奉天秦王寨发见之陶器，多作波纹及波浪围绕纹者，有时双弧花纹，以背相向，或交相切成 × 之形。双卧弓形，凸侧向上，中连一长隙地，仿佛作棕叶形，此为一种进化之植物花纹。因知此时期中对于色彩之配布，几何形、动植物、人体之描写，已发其端，而尚无文字。

在殷代（西元前一七六五至前一一二二），常以天干十字为人名。自来得古铜器者，辄以文字简单而有父己、祖辛等人名为殷器。最近又于河南安阳县殷之故都，得龟甲兽骨之刻有卜词者，其人名既相类似，而文字体格亦颇同符，其刀法之匀称，行列之整齐，足以推知文字之应用，远在殷以前矣。民国十七年十月，中央研究院历史语言所考古组李济君等亲往殷墟，以科学的方法试行发掘，所得甲骨，较购诸土人者为可信，足以证知殷人所刻文字之真相。而同时得有殷人陶器，于绳纹、弦纹、三角纹、斜方纹、云雷纹以外，兼有兽耳、兽头之饰。又得石刻人体之半，所遗留者，自腰至胫，并其握腿部之双手。虽当时人之图画尚未发见，而其对于线条之布置与动物人体之观察，亦可推见端倪也。《尚书》序称高宗（西元前一三二四年即位）梦得说，使百工营求诸野；皇甫谧谓使百工写其形象。果如所解，则当时已有画像之法矣。

至于周（西元前一一二至前二四九），则金器之出土者较多；其花纹以云雷与兽头为多，植物甚少，人体殆不可见。直至秦季，图画之迹，尚未为吾人所目睹。史籍所载，画斧于扆，画虎于门，及其他日月为常，交龙为旂，熊虎为旗，鸟隼为旟，龟蛇为旐之类，以天象及动物为象征。《考工记》为周季人所著，称画绘之事杂五色，东方谓之青，南方谓之赤，西方谓之白，北方谓之黑，天谓之玄，地谓之黄，青与白相次也，赤与黑相次也，玄与黄相次也。青与赤谓之文，赤与白谓之章，白与赤谓之黼，黑与青谓之黻。是当时对于各色配合之法，已甚注意。《考工记》又称绘画之

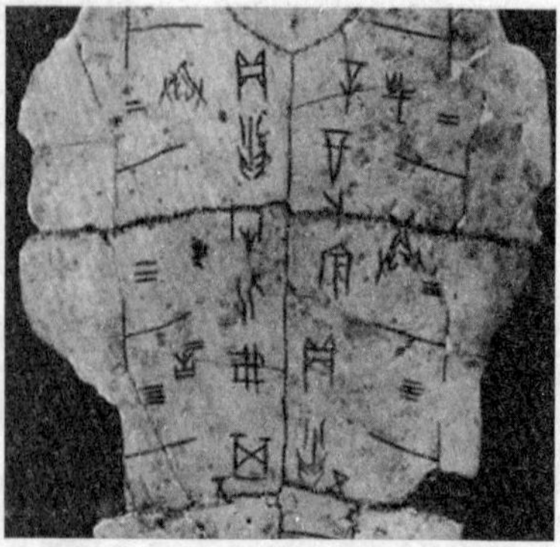

殷墟甲骨文字

事，后素功，则当时先布众色，而后以白彩分布其间，是一种勾勒法。又《家语》称孔子观乎明堂，睹四门墉，有尧舜之容，桀纣之像，而各有善恶之状，兴废之诫焉。又有周公相成王，抱之负斧康，南面以朝诸侯之图焉。如所言果信，则当时画家已有表现特色之能力。王逸作《楚辞章句》，谓楚有先王之庙及公卿祠堂，图天地山川神灵琦玮僪佹及古贤圣怪物行事，是武梁石室等图画，在周代已肇其端矣。又《史记》称：秦每破诸侯，写放其宫室，作之咸阳北阪上，是宫室界画，当时已有能手。《说苑》称，齐王起九重台，召敬君图之，敬君久不得归，思其妻，乃画妻对之。是写像画亦已流行矣。

《韩非子》称：客有为周君画筴者，三年而成，君观之，与髹筴者同状。周君大怒。画筴者曰："筑十版之墙，凿八尺之牖，而以日出时，架之其上而观。"周君为之，望见其状，画成龙蛇禽兽车马，万物之状备具。此殆如欧洲之油画，非在相当之距离，值适宜之光线，未易睹其优点者，足以见当时人对于绘画之鉴赏力也。《庄子》称："宋元君将画图，众史皆至，受揖而立；舐笔和墨，在外者半。有一史后至者，儃儃不趋，受揖不立，因之舍。公使人视之，则解衣般礴赢；君曰：'可矣，是真画者也。'"所谓众史皆至，颇近宋、明画院之体制。其以解衣般礴之史为真画者，殆如近代国内之尊写意而薄工笔，欧洲之尚表现派而绌古典派矣。《吕氏春秋》以画者之仪发而易貌，为等于射者之仪毫而失墙，明画者当有扼要之识力，《韩非子》称画之最难者为犬、马而易者为鬼魅，可以见当日偏重写实之趋向，均理论之重要者也。

石鼓文

钟鼎款识，均用刀勒，其体与甲骨文字相等。其时又有竹书漆字，郑玄、卢植等均称为科斗文。王隐曰："太康元年，汲郡民盗发魏安厘王冢，得竹书漆字科斗之文。科斗文者，周时古文也。其字头粗尾细，似科斗之虫，故俗名之焉。"周宣王时（西元前八二七至前七八二），太史籀著大篆十五篇，与古文或异。如囿之作[illegible]，员之作鼎，祷斋祟之作[illegible][illegible][illegible]，堵城埤之作[illegible][illegible][illegible]，大抵视古文为繁缛，殆基于文字上求美观之意识。今北平所保存之石鼓文，相传为此时所勒，字体茂密，诚与金器款识不同。及秦代，李斯又齐同各国文字，定为小篆。今所传瑯琊、泰山等刻石，体皆圆长；而秦权铭文则变为方扁，但均与石鼓文不同。时又有程邈作隶书，为晋以后行楷书所自出，而蒙恬始以兔毫为笔，供以后二千年间书画之利用而推广，其功亦不可忘焉。

第二章　中世——书画成熟时期

自汉初至唐末，凡千一百十二年（西元前二〇六年至西元九〇六年），在此一时期中，各体书画，均有著名之作品；内容之复杂，形式之变化，几已应有尽有。收藏鉴赏，代有其人，理论渐出专著。书画二者，既被确定为美术品，而且被认为有同等之价值者，故谓之成熟时期。

（甲）画之演进

人物画，前时期已有之，而此时期中至为发展。有画古人者，如汉武帝使黄门画者画周公助成王之图赐霍光；献帝时所建之成都学周公礼殿，画三皇五帝三代之君臣及孔子七十二弟子于壁间；杨修之严君平卖卜图；唐阎立德之右军点翰图等是也。有画同时人者，如汉宣帝画功臣之像于麒麟阁，并题其氏名官爵，唐阎立德画秦府十八学士，凌烟阁二十四功臣，顾恺之图裴楷，颊上加三毫，观者觉神明殊胜。梁武帝以诸王在外，思之，遣张僧繇乘传写貌，对之如面，是也。有画外人者，如汉成帝画匈奴休屠王后之像于宫壁，唐阎立德作王会图及职贡图，画异方人物诡怪之质；其弟立本奉诏画外国图，张萱之日本女骑图，周昉之天竺女人图等皆是；而唐之胡瓌、胡虔，以图画番族擅长，在宣和画谱中，瓌所作番族画六十有六，虔所作四十有四也。

人物画中之特别者为鬼神。前时期中《楚辞·天问》之壁画，已启其端；至汉代鲁灵光殿之壁画，与之类似。其他若武帝甘泉宫之天地、太乙诸鬼神，武荣祠所刻海神、雷公、北斗星君、啖人鬼，皆本于古代神话者也。明帝时，佛教输入，命画工图佛，置清凉台及显节陵上，是为佛像传布之始。三国时，吴人曹不兴以善画人物名，见天竺僧康僧会所携西国佛画像，乃范写之，盛传天下。其弟子卫勃作七佛图，于是有佛画名家矣。晋代顾恺之在瓦官寺画维摩诘一躯，观者

吴道玄《释迦降生图》

所施，得百万钱。南北朝，佛教盛行，北方有多数石窟之造像，而南方则有多数寺院之壁画；其时以画佛著名者甚多，在南以张僧繇为最，在北以杨乞德、曹仲达为最。张僧繇尝遍画凹凸花于一乘寺，其花乃天竺遗法，朱及青绿所成，远望眼晕，如凹凸，就视即平，世咸异之，乃名凹凸寺云。北

魏时，道士寇谦之等，效佛徒所为，设为图像，于是道教画与佛画并行；唐以李氏托始于老子，道教流行，图像更盛；但佛像与道教像往往并出一手，如唐阎立本既有维摩、孔雀明王、观音感应等佛像，而又有三清、元始、太上西升经等道教像；吴道玄既有阿弥陀佛、三方如来等像及佛会图，而又有木纹天尊、太阳帝君等像及列圣朝元图，是也。唐之中宗，禁画道相于佛寺，则知前此本有道、释混合之习惯，而至此始划分之。

故事画、人物画本多涉故事，而此时期故事画之较为复杂者，辄与文艺相关。相传汉刘褒画云汉图，人见之觉热；又画北风图，人见之觉凉；云汉、北风，皆《诗经》篇名。其后如卫协之毛诗北风图，毛诗黍离图；戴逵之渔父图、十九首诗图，皆其例也。而流传至今者，惟有顾恺之之女史箴图卷，自《宣和画谱》以至《石渠宝笈》等书，均载及之；

顾恺之《女史箴图》

清乾隆时，尚存于北京内府御书房中，经义和团之变，流入英国，现存伦敦博物馆中。

人物画中之士女，在此时期，亦渐演为专精之一种。汉蔡邕之小列女图、王廙之列女传仁智图、陈公恩之列女传仁智图、列女传贞节图，已开其端，尚以《列女传》为凭借。顾恺之之三天女美人图，孙尚之之美人诗意图，已专画美人。至唐而有张萱、周昉，始以士女名家。

动物、植物之描画，已起于前时期。在此时期中，亦渐有确定之范围。汉之武荣祠，有虎、马、鱼、鸟及蓂荚等图，镜背有勒蜂、蝶、鹊、鸽与蒲桃者。又史称汉文帝在未央宫承明殿画屈轶草。及晋而有顾恺之之凫雁水洋图，顾景秀之蝉雀图，史道硕之八骏图等。及唐而始有曹霸、韩幹等以画马名，戴嵩以画牛名，韦偃、刁光胤以戏猫图名，边鸾、周滉以花鸟名。

宫室之画，前期所有。汉以后，如史道硕之金谷园图，梁元帝之游春苑图，亦其一类。至隋而始有展子虔、董伯仁、郑法士等，以台阁擅长。

画之中有为此时期所创造而发展甚速者，山水画是也。载籍所传，戴逵之吴中溪山邑居图，顾恺之之雪霁望五老峰图，殆为山水画中之最古者。其后宗炳作山水序，梁元帝作山水松石格，足见山水画流行之广。至唐而有三大家：（1）吴道玄，行笔纵放，如风雨骤至，雷电交作，一变前人陆展等细巧之习。(2) 李思训，画着色山水，笔势遒劲，金碧辉映，时人谓之大李将军；其子昭道，变父之势，妙又过之，称小李将军，是为北宗。(3) 王维，善泼墨山水，山谷郁盘，云水飞动，意生尘外，怪生笔端。始用渲淡，一变拘研之法，是谓南宗。山水画发展之远大，于此可见。

此千余年间，画之种类渐增，分工渐密，人物画之蕃变，已造极点。山水画亦已为后人开无数法门矣。

(乙) 书之演进

书之进化，与画稍有不同。随时代之需要而促多数善书者之注意，汉代流传最多者，为篆、隶、分三体。自晋以后，竞为楷法，以行、草辅之。其他各体，偶有参用而已。

汉人近承周、秦，用篆尚多；在钟鼎上有类似秦刻石文者，如孝成、上林诸鼎是；有类似秦权文者，如汾阴、好畤诸鼎是；有体近扁僇者，如绥和鼎铭等是；有偏于方折者，如陶陵鼎铭是。其在瓦当文，往往体兼圆方；惟转婴柞舍，六畜蕃息等文，则偏于方折。其在印章，则匀齐圆润，不涉支蔓。其在泉币及镜背，则类似秦权，间参隶势。其在石刻，则尚存二十余种，其中以三公山之苍古，少室神道阙与开母庙石阙铭之茂密，为最有价值焉。三国，有吴碑二，苏建所书之封禅国山碑，以雅健称；皇象所书之天发神谶碑以奇伟称焉。自晋初以至隋末，凡三百五十三年，以能篆著称者，不过二十六人；唐代二百八十八年，能篆者八十一人。唐代时期较短，而能篆者几三倍于前时期，殆有篆学中兴之象。但前时期之二十六人中，有著《汉书》之班固与著《后汉书》之范晔，以草书著名之卫瓘，著《玉篇》之顾野王，撰集古今文字之江式，均非专以一技名者。而妇女中，亦有庾亮妻荀夫人，以兼善正行篆隶，于韦续《九品书人论》中，占上之下云。唐代八十一人中，有以楷书著名之欧阳询，著《书断》之张怀瓘；且有功业彪炳之李德裕，篆题阎立本之太宗步辇图，可称两美。其最以书法自负者为李阳冰，以直接秦刻石自任，所谓“斯翁之后，直至小生”者也。所书有谦卦爻辞、三坟碑、滑台新驿记等。其在缙云者，有孔子庙记、城隍神记及般若台铭三碑，篆文最细瘦。欧阳修（《集古录》）谓：“世言此三石皆活，岁久渐生，刻处几合，故细尔。然时有数字笔画伟劲者，乃真迹也。”赵明诚（《金石录》）则谓：“此数碑皆阳冰在肃宗朝所书，是时年尚少，故字画差疏瘦；至大历以后诸碑，皆英年所篆，笔法愈淳劲，理应如此也。”又有大历二年及三年瞿令问所书之元结峿台、浯溪、唐庼三铭，垂画甚长，亦仿秦篆者。其后有李灵省，为欧阳氏所注意，谓：“唐世篆法，自李阳冰以后，寂然未有显于当世而能自成名家者，灵省所书阳公碣，笔画甚可嘉。”盖灵省曾为阳公旧隐碣篆额也。

八分书为汉人刻意求工之体（分与隶之别，异说至多；今从包世臣说，以笔近篆而体近真者为隶，笔势左右分布相背者为八分）。最工于此者为蔡邕，其最大之作品，为熹平四年之石经，即《后汉书》列传所谓："邕自书册于碑，使工镌刻，立于太学门外者也。"然传称邕与堂谿典、杨赐、马日磾、张驯、韩说、单飏等正定六经文字；而石经残本，于《公羊传》后有赵陔、刘宏、张文、苏陵、傅桢等题名；《论语》后有左立、孙表等题名；故洪适（《隶释》）谓："今所存诸经，字体各不同……窃意其间必有同时挥毫者。"其他若华山、鲁峻、夏承、谯敏等碑，有疑出邕手者，皆未可信。其他师宜官、梁鹄（或云孔羡碑为鹄书，然未确）、邯郸淳及蜀诸葛亮等，虽以善八分著，而作品亦未能确指。现在所见八分书各碑，除武班碑为纪伯元书、卫方碑为朱登书、樊敏碑为刘懆书外，虽均未能确定为何人所书，而每一种均各有独到之点，非工书者不能为。康有为谓："骏爽则有景君、封龙山、冯绲；疏宕则有西狄颂、孔庙、张寿；高浑则有杨孟文、杨著、夏承；丰茂则有东海庙、孔谦校官；华艳则有尹宙、樊敏、范式；虚和则有乙瑛、史晨；凝整则有衡方、白石神君、张迁；秀韵则有曹全、元孙；以今所见真书之妙，诸家皆有之。"非溢美之言也。

自晋至隋，以善八分称者不过十人；而善草书之索靖，善隶行草书之王羲之，皆与焉。有陈畅曾书晋宫观城门，刘瓌之题太极殿牓。有唐一代，工八分者，百五十余人，而苦吟之贾岛，善哭之唐衢，作《法书要录》及《历代名画记》

之张彦远皆与焉。欧阳修谓："唐世分隶名家者，四人而已，韩择木、蔡有邻、李潮及史惟则也。"杜甫所作李潮八分小篆歌，有云："尚书韩择木，骑曹蔡有邻，开元以来数八分，潮也奄有二子成三人。"史惟则外，又有史怀则，亦善八分，疑为昆弟。又有韩秀弼、韩秀石、韩秀荣三人，亦同时以八分书碑，疑亦昆弟也。李邕以真行著，而分书亦称道逸；《旧唐书》称："邕所撰碑碣之文，必请张廷珪以八分书之。"廷珪分书之精，于此可见矣。

隶为秦、汉间胥吏应用之书体，不常用以刻石；汉石刻中，如永光三处阁道、开通褒斜道、裴岑纪功碑等，皆仅见之作也。其后稍稍参用八分书之波磔，则演为魏、晋以后之隶书，即后世所称为楷书，或真书，或正书者。自晋以后，公私文书，科举考试，经籍印行，无不用此体者，等于秦以前之篆矣。而美术性质之隶书，则托始于魏、晋之钟、王。

汉石经残字

魏公卿将军上尊号奏及受禅表两石刻，相传为钟繇所书，然未能证实也。相传繇之墨迹，有贺捷、力命、荐季直诸表，及宣示帖等。其子会及其外孙荀勗，均能传其笔法。及晋王导，携其宣示帖渡江，导从子羲之，先学于卫夫人铄，嗣后

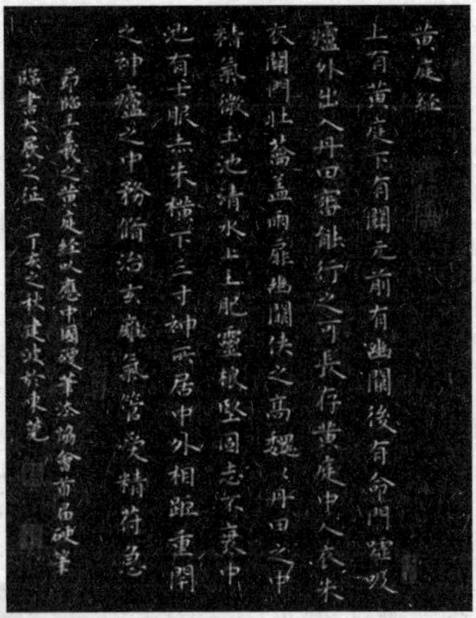

王羲之《黄庭经》之一节

参酌钟繇及李斯、曹喜、蔡邕、梁鹄、张昶之法，自成一家。所写黄庭经、乐毅论、东方朔画赞、孝女曹娥碑等，被推为“古今之冠”。羲之子献之。“幼学父书，次习于张芝，后改变制度，别创其法，率尔师心，冥合天矩。”（别传）所书有洛神赋、保母李意如圹志等。嗣后言隶书者，恒言师钟、王；或曰师王祖钟；或日出于大王（羲之），或曰师资小王；或曰书宗二王。虽繇同时之卫觊，二王同时之羊欣等，均未能与之抗衡也。晋代以隶书名者百十余人，其为受钟、王之影响无疑。嗣是而宋二十六人，齐二十三人，梁三十二人，陈十六人。中如陶宏景者，以所书瘗鹤铭，为后代所宗仰；然张怀瓘（《书断》）谓：宏景书师钟、王，采其气骨，时称与萧子云、阮研等，各得右军一体。又萧子云自云：善效钟之常、王逸少，而微变字体。可以见当时评书之标准，不离钟、王矣。

其在北朝，称善隶书者，魏三十余人，北齐二十人，周八人。魏初重崔、卢之书。崔氏以书名者，为宏及其子悦、简；卢氏则有伯源。宏祖悦与伯源六世祖谌，以博艺齐名，谌法钟繇，悦法卫瓘。谌传子偃，偃传子邈；悦传子潜，潜传子宏，世不替业。（见《北史·崔浩传》）是知魏代书家以钟、卫之派为多。周之王褒，萧子云之内侄也，子云特善草隶，褒少去来其家，遂相模范，名亚子云。赵文深，少学楷隶，年十一，献书于魏帝，推有僮王之则。是北方书家，亦钟、王流派也。

但北魏、北齐诸石刻中，有专用方笔一派，以龙门造像为最著，显与宋帖中所摹魏、晋人书不同，因而阮元有南帖北碑之说，谓南派有婉丽高浑之笔，寡雄奇方朴之遗。康有为则谓北碑中若郑文公之神韵，灵庙碑阴、晖福寺之高简，石门铭之疏逸、刁遵、高湛、法生、刘懿、敬显镌、龙藏寺之虚和婉丽，何尝与南碑有异？南碑中如始兴王之戈戟森然，出锋布势，何尝与张猛龙、杨大眼笔法有异？用以反对阮元南、北之派，碑、帖之

始平公造像

界。然康氏所举，不过偶有例外，就大体说，阮说是也。《礼记·乡饮酒义》谓："天地严凝之气，始于西南，而盛于西北，此天地之尊严气也，此天地之义气也。天地温厚之气，始于东北，而盛于东南，此天地之感德气也，此天地之仁气也。"曾国藩尝引以说文学中阳刚之美与阴柔之美之不同，书法中温厚与严凝之别，亦犹是耳。南人文弱，偏于温厚；北方质实，偏于严凝。胡适《白话文学史》特揭斛律金敕勒歌之雄强，谓与南朝不同，亦足为旁证也。

隋祚颇短，而称善书者亦二十余人。其中如丁道护者，蔡襄称其兼后魏遗法，且谓："隋、唐之间，善书者众，皆出一法，而道护所得为多。"又窦众谓："赵文深师右军，赵文逸效大令；当平凉之后，王褒入国，举朝贵胄，皆师于褒，唯此二人独负二王之法，临二王之迹。"足见南北两派互竞之状态。然统一之初，渐趋协调，势所必至。康有为谓"隋碑内承周齐峻整之绪，外收梁陈绵丽之风，简要清通，汇成一局。龙藏碑统合分隶，并吊比干文，郑文公、敬使君、刘懿、李仲璇诸派，荟萃为一，安静浑穆，骨鲠不减曲江而风度端凝，此六朝集成之碑也"，可以观其概矣。

唐代二百八十八年，以工隶书名者及七百余人，可谓盛矣。其间活用古法，自成一家者，虞世南、褚遂良等，继承南派之姿媚，而参以北派之遒劲；欧阳询、柳公权等，袭北派之险峻，而参以南派之动荡；徐浩之骨劲而气猛，李邕之放笔而丰体，颇拟融和南北，而各有所偏；其能集大成而由中道者，其颜真卿乎！朱长文（《墨池编》）云："观中兴颂则闳伟发扬，状其功德之盛；观家庙碑，则庄重笃实，见其承家之谨；观仙坛记则秀颖超举，象其志气之妙；观元次山铭，则淳涵深厚，见其业履之纯，点如坠石，画如夏云，钩如屈金，戈如发弩，纵横有象，低昂有态，自羲、献以来，未有如公者也。"诚确论也。

行书和隶书之小变，张怀瓘（《书断》）谓："桓、灵之时，刘德升以造行书擅名。"陆深（《书辑》）谓："德升小变行法，谓之行书。带真谓之真行，带草谓之草行。"卫恒（《书断·引》）谓："胡昭与钟繇，并师于刘德升，俱善草行，而胡肥钟瘦。"羊欣（《能书人名》）谓："钟繇书有三体，三曰行押（谓行书），相关者也。"知行书实托始于行押，而独立成一体，则在魏、晋之间。

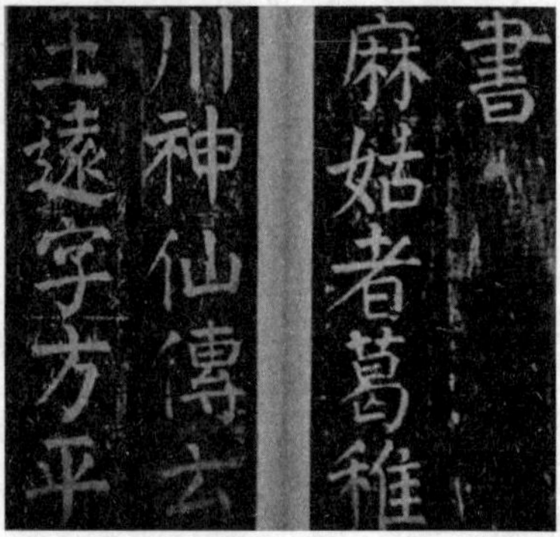

颜真卿麻姑仙坛记

以善行书著名者，晋三十六人，宋、齐、梁、陈四朝三十七人，魏、北齐、周三朝十人，隋五人，而唐则百六十四人。晋人中，自以王羲之为巨擘，其最著之作品为兰亭序；

而刘琨、谢安，皆其选也。陈之江总，周之庾信，亦以行书名。唐代，如欧阳询、褚遂良、柳公权等，善楷书者，无不兼善行书；而李白、杜甫、顾况、张籍、杜牧诸诗人之行书，亦为时人所宗尚云。

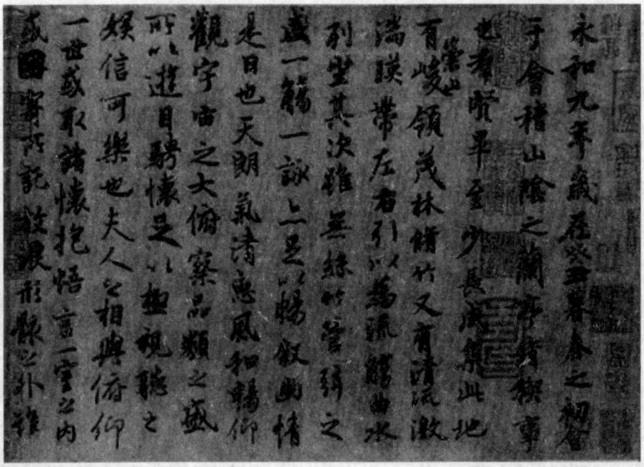

王羲之《兰亭序》之一节

草书者，王愔（《文字志》）谓：汉元帝时，黄门令史游作急就章，解散隶书，粗书之。张怀瓘（《书断》）谓：“存学之梗概，损隶之规矩，纵任奔逸，赴俗急就，因草创之义，谓之草书，后世谓之章草。”（《后汉书》）称：“北海敬王睦善文书，及寝病，明帝使驿马，令作草书尺牍十首。”草书始于汉代无疑。

善草书者，汉及三国二十五人，晋七十四人，宋、齐、梁、陈四朝六十人，魏、北齐、周三朝二十六人，隋十九人，而唐则百二十七人。汉杜度为齐相，善章草，见称于章帝，上贵其迹，诏使草书上事。崔瑗师于杜度，点画之间，莫不调畅。张芝学崔、杜之法，因而变之，以成今草书之体势，韦仲将谓之草圣。晋卫瓘与索靖俱善草书，论者谓瓘得伯英（张芝）筋，靖得伯英肉。王羲之自谓比张芝草，犹当雁行。常以章草答庾亮。翼（亮弟）与书云："昔有伯英十纸，过江亡失，常叹妙迹永绝；忽见足下答家兄书，焕若神明，顿还旧观。"足见自汉迄晋，均以张芝为标准矣。

王献之幼学父书，次习于张。陆深（《书辑》）谓："羲、献之书，谓之今草。"张怀瓘（《书断》）谓："逸少与从弟洽变章草为今草，韵媚宛转，大行于世。"是知二王出而草书又革新。张融善草书，常自美其能；齐高帝曰："卿书殊有骨力，但恨无二王法。"答曰："非恨臣无二王法，亦恨二王无臣法。"足见当时二王法之盛行矣。羲之七世孙释智永草书入妙，临真草千文八百余本。

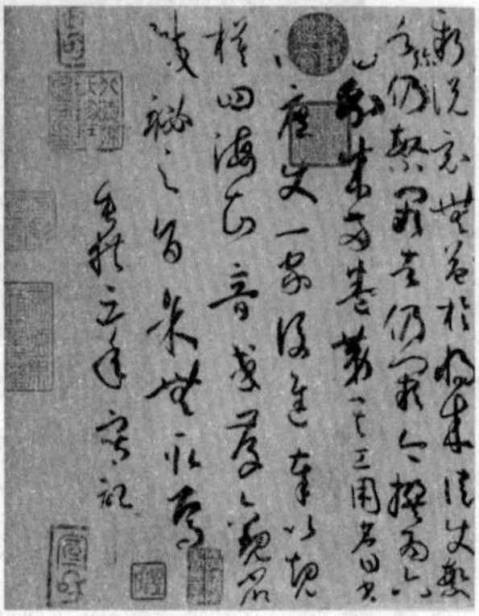

孙过庭《书谱》之一节

至于唐代，孙过庭草书宪章二王，工于用笔，作《书谱》。张旭自言见公主担夫争道，又闻鼓吹而得笔法意；观公孙舞剑器，得其神。杜甫《饮中八仙歌》云："张旭三杯草圣传，脱帽露顶主公前，挥毫落纸如云烟。”可以见其豪情矣。李笔（《国史补》）谓：张旭草书得笔法，后传崔邈、颜真卿。据《书史会要》《书苑菁华》等书，则张旭传邬彤，邬彤传怀素，而怀素自谓得草圣三昧焉。

经此时期，易籀篆之世界而为行楷之世界，分书草书，虽亦曾盛极一时，然自此以后，与籀篆同为偶然寄兴之作，不及行楷之普遍矣。

第三章　近世——书画特别发展时期

有唐一代书画之规模大备，后有作者，能不为前贤所掩，以逸品为多，故谓之特别发展焉。

五代十国，仅五十三年，而以画名者百五十人，以书名者百有八人。而其间尤著之画家，有梁之荆浩、关仝，南唐之徐熙，前蜀之李升，后蜀之黄筌等。书家有梁之杨凝式，南唐之徐锴、王文秉，吴越之忠懿王等。而南唐后主、前蜀之释贯休、吴越之武肃王，则并长书画云。

荆浩、关仝，皆山水画家。浩善为云中山顶，气局笔势，非常雄横。尝语人曰：“吴道子画山水，有笔而无墨；项容有墨而无笔，吾当采二子之所长，成一家之体。”仝初师浩，中岁精进，间参王维笔法，喜作秋山、寒林、村居、野渡、幽人、逸士、渔市、山驿，笔愈简已气愈壮，景愈少而意愈长。

徐熙善花果，以落墨写其枝叶蕊萼，后略傅色，故超逸古雅。黄筌之花鸟画，先行勾勒，后填色彩，后世称为双钩法。徐体没背渍染，旨趣轻淡野逸；黄体勾勒填彩，旨趣浓艳富丽；以山水为例，徐体可谓南宗，黄体可谓北宗也。

杨凝式喜作字，尤工颠草，与颜真卿行书相上下。黄庭坚谓："余曩至洛阳，偏观僧壁间杨少师书，无一不造微入妙。"徐锴与其兄铉校订《说文解字》，故锴以善小篆名。王文秉篆书，笔甚精劲，远过徐锴。吴越忠懿王善草书，宋太宗称为"笔法入神品"焉。

徐熙百花图长卷之一节

南唐后主工书画，郭若虚（《图画见闻志》）谓："观所画林木飞鸟，远过常流，高出意外。"《宣和画谱》谓："画清爽不凡，别为一格。又能为墨竹，画风虎云龙图，有霸者之略。"陶谷（《清异录》）谓："后主善书，作颤笔，樛曲之状，遒劲如寒松霜竹，谓之金错刀。"后蜀释贯休，善画罗汉，貌多奇野，立意绝俗。又善书，工篆隶，并善草书，时人比诸怀素。吴越武肃王画墨竹，善草隶。

宋代三百十四年，以画名者九百八十六人，加以辽五人，金五十六人，为千有九十四人。以书名者九百有三人，加以辽十三人，金七十人，为九百八十六人。而画家之最著者，有李成、范中正、董源、巨然等；书家最著者，有蔡襄、黄庭坚及金之党怀英等。其兼善书画者，则有郭忠恕、文同、苏轼、米芾、米友仁父子、李公麟等。

李成工山水，初师关仝，卒自成家。刘道醇（《圣朝名画评》）谓："成之为画，精通造化，笔尽意在；扫千里于咫尺，写万趣于指下；峰峦重叠，间露祠墅，此为最佳。至于林木稠薄，泉流深浅，如就真景，思清格老，古无其人。"范中正性缓，时人目为范宽。居山林间，常危坐终日，纵目四顾，以求其趣；虽雪月之际，必徘徊凝览，以发思虑。学李成笔，虽得精妙，尚出其下；遂对景造意，不取繁饰，写山真骨，自为一家。董源善画山水，峰峦出没，云雾显晦，不装巧趣，皆得天真。岚色郁苍，枝干挺劲，咸有生意。溪桥渔浦，洲渚掩映，一月江南也。巨然山水，祖述董源，皆臻妙理，少年多作矾头，老年平淡趣高。论者谓前之荆、关，后之董、巨，辟六法之门庭，启后学之矇瞶，皆此四人也。

蔡襄真行草皆优入妙，少务刚劲，有气势；晚归于淳淡婉美。郑杓（《书法流传图》）谓："书学自汉蔡邕至唐崔纾，皆亲授受；惟襄毅然独起，可谓间世豪杰之士。"黄庭坚善草书，楷法亦自成一家。尝自评：元祐间书，笔意痴钝，用笔多不到；晚入峡，见长年荡桨，乃悟笔法。金党怀英工篆书，赵秉文（《滏水集》）谓："怀英篆籀入神，李阳冰之后，一人而已。"郭忠恕师事关仝，善图屋壁重复之状，颇极精妙。工篆籀，小楷八分亦精。李公麟博学精识，用意至到；凡目所睹，即领其要。始学顾、陆与僧繇、道元及前世名手佳本，乃集众善，以为己有，更自立意，专为一家。尤工人物，能分别状貌，使人望而知。初画鞍马，愈于韩幹；后一意于佛，尤以白描见长。书法亦极精，画之关纽，透入书中。于规矩中特飘逸，绰有晋人风度。文同善画竹，其笔法槎牙劲削，如作枯木怪石，特有一种风味。亦善山水。善篆隶行草飞白，自言学草书凡十年，终未得古人用笔相传之法，后因见道上斗蛇，遂得其妙。苏轼善画竹，尝在试院，兴到无墨，遂用朱笔写竹；后人竟效之，即有所谓朱竹者，与墨竹相辉映矣。又能作枯木、怪石、佛像，笔皆奇古。又善书，其子过曰：吾先君子岂以书自名哉？特以其至大至刚之气，发于胸中，而应之于手；故不见有刻画妩媚之态，而端乎章甫，若有不可犯之色。少年喜二王书，晚乃学颜平原，故时有二家风格。米芾画山水人物，自名一家。尝曰："伯时（李公麟）病右手后，余始作画；以李常师吴生，终不能去其气；余乃取顾高古，不使一笔入吴生。"又以山水，古今相师，少有出尘格；因信笔为之，多以烟云掩映树木，不取工细。其子友仁，天机超逸，不事绳墨。其所作山水，点滴烟云，草草而成，而不失天真。芾善书，行笔入能品，沈着痛快，如乘骏马，进退裕如，不须鞭勒，无不当人意。仁书虽不逮其父，然如王、谢家子弟，自有一种风格。

元代九十年，以画名者四百二十余人，以书名者四百八十五人，而最著名之画家，有高克恭、李衎、黄公望等，最著名之书家，有鲜于枢、袁桷、揭傒斯等；书画兼长，则有赵孟頫、管道升夫妇、钱选、柯九思、倪瓒、王蒙、吴镇等。

李公麟《五马图》之一节

高克恭好作墨竹，尝自题云："子昂（赵孟頫）写竹，神而不似；仲宾（李衎）写竹，似而不神；其神而似者，吾之两此君也。"画山水，初用二米法，写林峦烟雨；晚更出入董北苑（董源），故为一代奇作。李衎善写竹，师文同；兼善画竹法，加青绿设色。后使交址，深入竹乡，于竹之形色情状，辨析精到；作画竹、墨竹两谱。黄公望山水，初师董源、巨然，晚年变其法，自成一家。居富春，领略江山钓台之概。性颇豪放，袖携纸笔，凡遇景物，辄即模记。后居常熟，探阅虞山朝暮之变幻，四时阴霁之气运，得于心而形于笔，故所画千丘万壑，愈出愈奇；重峦叠嶂，越深越妙。其设色，浅绛者为多，青绿水墨者少。山水画以王蒙、倪瓒、吴镇与公望为元季四大家，而公望为冠。

黄公望《秋山无尽图》之一节

鲜于枢早岁学书，愧未能如古人；偶适野，见二人挽车行淖泥中，遂悟书法。多为草书，其书从真行来，故落笔不苟，而点画所至，皆有意态。陆深谓："书法敝于宋季，元兴，作者有功；而以赵吴兴（孟頫）、鲜于渔阳（枢）为巨擘；终元之世，出入此两家。"袁桷书从晋、唐中来，而自成一家。揭傒斯楷法精健简雅，行书尤工。国家典册及功臣家传赐碑，遇其当笔，往往传诵于人。四方释老氏碑版购其文若字，袤及殊域。

赵孟頫画法，有唐人之致，去其纤；有宋人之雄，去具犷。他人画山水竹石人马花鸟，优于此或劣于彼，孟頫悉造其微，穷其天趣。善书，篆籀分隶真行草，无不冠绝古今。鲜于枢谓：子昂篆隶正行颠草为天下第一，小楷又为子昂诸书第一。其夫人管道升善画墨竹梅兰，晴竹新篁，是其始创。亦工山水佛像。善书，手书金刚经至数十卷，以施名山名僧。倪瓒山水，初以董源为师，晚一变古法，以天真幽淡为宗。不着人物，着色者甚少，间作一二绘染，深得古法。翰札奕奕有晋宋人风气。王蒙为孟頫外孙，素好画，得外氏法；又泛滥唐宋名家，而以董源、王维为宗，故纵逸多姿。常用数家皴法，山水多至数十重，树木不下数十种，径路迂回，烟霭微茫，曲尽山林幽致。书亦有家法。吴镇山水师巨然，墨竹效文同，俱臻妙品。书古雅有余。

明代二百七十六年，善画者一千三百二十二人，善书者一千五百七十一人；而其中最著之画家，有戴进、周臣、唐寅、沈周、仇英、崔子忠、陈洪绶、边文进、吕纪、林良、周之冕、宋克、王冕等。最著之书家，有宋濂、宋璲父子，高启、解缙、陈献章、王守仁、祝允明、陆深、黄道周等。书画兼长者，有文徵明，徐渭、董其昌、陈继儒等。

戴进，钱唐人。嘉靖以前，山水画家有绍述马远、夏珪，略变其浑厚沈郁之趣而为劲拔者，是为浙派，以进为领袖。进画神像、人物、走兽、花果、翎毛，俱极精致。周臣、唐寅，均当时院派之有力者，院派用笔，较浙派为细巧缜密，且多有柔淡雅秀，近于当时所谓吴派者。臣所作山水人物，峡深岚厚，古面奇妆，有苍苍之色。寅画法沈郁，风骨奇峭，刊落庸琐，务求浓厚；连江叠巘，洒洒不穷。名成而闲居，作美人图，好事者多传之。仇英，师周臣，所画士女、鸟兽、台观、旗辇、军仗、城郭、桥梁之类，皆追摹古法，参用心裁，流丽巧整。沈周，长洲人，与文徵明、董其昌、陈继儒，为吴派山水四大家。所作，长林巨壑，小市寒墟，高明委曲，风趣洽然。其他人物、花卉、禽鱼，悉入神品。崔子忠，顺天人；陈洪绶，诸暨人；以人物齐名，时号南陈北崔。边文进，花鸟宗黄筌，而作妍丽工致之体。林良，创写意派，作水墨花卉、翎毛、树木，皆遒劲如草书。周之冕，创钩花点叶体，合前述两派而为之，写意花卉，最有神韵；设色者亦皆鲜雅，家畜、各种禽鸟，详其饮啄飞止之态，故动作俱有生意。宋克善写竹。王冕善写墨梅。

宋濂草书有龙盘凤舞之象，尤精细楷，一黍上能作字千余。子璲，精篆隶真草书。书法端劲温厚，秀拔雄逸，规矩二王，出入旭素。草书如王骥行中原，一日千里，超涧渡险，不动气力，虽若不可踪迹，而驰骋必合程矩。解缙小楷精绝，行草亦佳。陈献章书法，得之于心，随笔点画，自成一家。王守仁善行书，得右军骨，清劲绝伦。祝允明天资卓越，临池之工，指与心应，腕与笔应，其书如绵裹铁，如印印泥。陆深真草行书，如铁画银钩，遒劲有法，颉颃李邕，而伯仲

仇英《西厢记》之一节

赵孟頫，一代之名笔。黄道周，隶草自成一家。

文徵明画，远学郭熙，近学赵孟頫，而得意之笔，以工制胜。至其气韵神采，独步一时。少拙于书，刻意临字，亦规模宋、元；既悟笔意，遂悉弃去，专法晋、唐。其小楷虽自黄庭、乐毅中来，而温纯精绝。隶书法锺繇，独步一世。徐渭画花草竹石，皆超逸有致。喜作书，笔意奔放，苍劲中姿媚跃出。陈继儒山水，气韵空远，虽草草泼墨，亦苍老秀逸。书法苏轼。董其昌画，初学黄公望，后集宋、元诸家之长，作山水树石，烟云流润，神气充足，独步当时。书法，少时临摹真迹，至忘寝食；中年，悟入微际，遂自名家；行楷之妙，跨绝一代。自谓："余书与赵文敏（孟頫）较，各有短长；行间茂密，千字一同，吾不如赵。若临仿历代，赵得其十一，吾得其十七。又赵书因熟得俗态，吾书因生得秀色。吾书往往率意；当吾作意，赵书亦输一筹；第作意者少耳。"

清代二百六十七年，画家人数，据郑昶《中国画学全史》，当在四千三百人以上。书家则尚无统计。画家之最著者，有王时敏、王鉴、王原祁、王翚、恽寿平、吴历、陈洪绶、释道济、朱耷、焦秉贞、李鳝、华嵒、罗聘、余集、戴熙、任熊，任颐等。书家之最著者，有姜宸英、刘墉、姚鼐、翁方纲、伊秉绶、杨沂孙、邓琰、包世臣、何绍基、张裕钊、翁同龢、沈曾植、康有为等。书画兼长者，有严绳孙、金农、郑燮、赵之谦、吴俊卿等。

王翚《西陂六景图》之一景

王时敏为清初娄东派

山水领袖，运腕虚灵，布墨神逸，髓意点刷，丘壑浑成，晚年亦臻神化。王鉴作山水，沈雄古逸，皴染兼长。工细之作，仍能纤不伤雅，绰有余妍；虽青绿重色，而一种书卷之气，盎然纸墨间。原祁为时敏之孙，所作气味深淳，中年秀润，晚年苍浑。王翚为鉴弟子，而天资人功，俱臻绝顶，集南北宗大成，为华亭派领袖。以上四人，为清初山水四大家，世称四王。

恽寿平《桃花柳枝》

恽寿平写生，斟酌古今，以徐熙、徐崇嗣为归，一洗时习，为写生正派。间写山水，一丘一壑，超逸高妙，不染纤尘。吴历得王时敏之传，刻意摹古，遂成大家，为虞山派；其出色之处，能深得唐寅神髓，不袭其北宗面目。信奉天主教，尝游澳门，其画亦往往带西洋色彩焉。陈洪绶儿时学画，便不规规形似。所画人物，躯干伟岸，衣纹清圆而细劲，兼李公麟、赵孟頫之妙。释道济山水自成一家，下笔古雅，设想超逸。竹石梅兰均极超妙。朱耷画以简略胜，其精密者，尤妙绝。山水、花鸟、竹木，均生动尽致。焦秉贞，工人物，其位置之法，自近而远，由大及小，纯用西洋画法；尤为写真名家。李鳝为扬州八怪之一，以竹石花卉，标新立异，机趣天然。华喦写生，纵逸骀宕，粉碎虚空，种种神趣，无不领取毫端，独开生面，足与恽寿平并驾，其影响于清代中叶以后之花鸟画甚大。罗聘，作墨梅、兰竹、人物、佛像，皆颇奇古渊雅，有鬼趣图传世。戴熙师法王翚，极有工力；虽落笔稍板，而一种静雅之趣，即寓其间。任熊工画人物，衣褶如银钩铁画，直入陈洪绶之室，而独开生面。任颐花卉，喜示宋人双钩法；山水人物，无所不能，兼善白描传神。

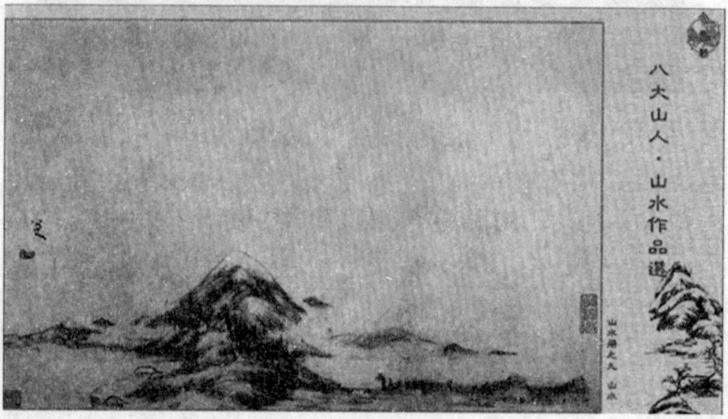

朱耷《山水》

姜宸英善行楷，梁同书推为清朝第一，谓："好在以自己性情，合古人神理，初视之，若不经意，而愈看愈不厌，亦其胸中书卷浸淫酝酿所致。"刘墉初师董其昌，继由苏轼以窥阁帖，晚乃归于北魏碑志。用墨特为丰肥，而意兴学识，超然尘外。姚鼐借经倪瓒，上窥晋、唐，力避当时最风行之赵、董一派柔润习气，姿媚之中，有坚苍骨气。翁方纲终身学欧、虞，致力甚深。伊秉绶各体书皆工，而尤长于八分，扫除当时板滞之习气，而别开清空高邈之境界。用颜真卿作真书法作八分，用汉人作八分法写颜体，为秉绶独得之秘。杨沂孙以轻描淡扫之笔势作篆，是其创格。邓琰作篆，宗二李，而纵横辟阖之妙，则得之史籀，稍参隶意。分书遒丽淳质，变化不可方物，结体严整，而浑融无迹。真书参篆分法，草书笔致蕴藉，无元季以来俗气。包世臣取法邓琰，用笔更方。何绍基师法颜真卿，而有一种翩翩欲仙之姿态，分书尤空灵洒脱。张裕钊书，高古浑穆，点画转折，皆绝痕迹，而得态逋峭特甚。翁同龢亦师法颜真卿，而参入北碑体势。沈曾植书，专用方笔，翻覆盘旋，奇趣横生。康有

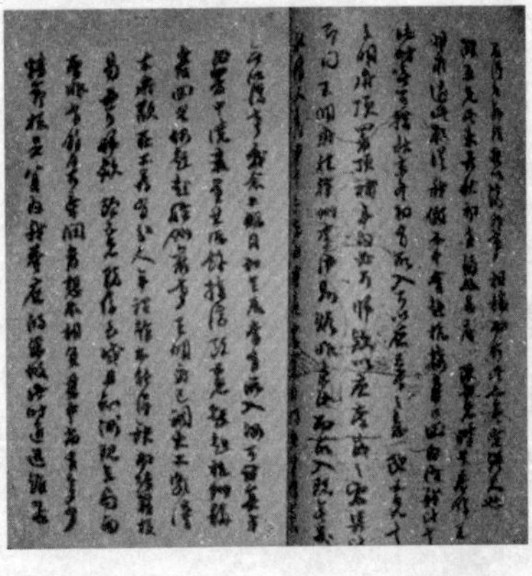

包世臣《家书》之一节（临帖）

为书法，出自北碑，而笔参篆分，倜傥多姿。

严绳孙山水、人物、鸟兽、楼台、界画，罔不精妙。精书法，善八分。金农善写梅竹，画马，写佛像，布置花木，奇柯异叶，设色尤异。书法用笔方扁，特富逸气。郑燮善写兰竹，随意挥洒，苍劲绝伦；行书，杂糅篆分，恢诡有致。赵之谦，画笔随意挥洒，古意盎然；书法出自北碑，而以宛转流丽之笔写之。吴俊卿喜摹石鼓文，作花卉竹石，雄健古厚，有金石气。行书亦参籀笔，古劲可喜。

民元以来，公私美术学校次第设立，均以欧洲画法为主体。工具既已不同，而方法从写实入手，以创作为归，与旧式之以模仿古人为惟一津梁者，亦异其趣。各校之兼设国画科者，亦颇注意于沟通中西之道，尚在试验时期也。普通学校及专门学校之学生，以兼习西文之故，常用铅笔、钢笔草写国文，则毛笔作书之机会，为之减少。中小学中，虽尚有书法课程，而为他课所夺，决不能如往日私塾之熟练矣。

就普通状况而言，将来善书、善画者之人数，必少于往日，盖无疑义。惟数千年演进之国粹，必有循性所近，而专致力于此者，以取多用宏之故，而特辟一种新境界，非无望也。

结论

综三时期而观之，最初书、画同状，书之象形，犹实物画也；指事，犹图案画也。及其渐进，画以致饰之故，渐趋于复杂而分化；书以致用之故，渐趋于简略而一致。如古代惟有几何式图案，至汉代浮雕，已具人物、神怪、宫室、器物、鸟兽、草木之属；至晋以后，则每一种渐演为专长，而且产生最繁复之山水画，此画之日趋于复杂与分化也。书法，在甲骨文及钟鼎文上，象形文已多用简笔，渐与图画不同；由古文而小篆，由篆而分，由分而楷、行，省略更多，此趋于简略也。周季，各国文字异形，及秦，而有同书文字之制；六朝碑，别字最多，及唐，而有干禄字书、五经文字以整齐之，此渐趋于一致也。是为书、画分途之因。及其最进，则致饰与应用之书画，自成一类，而别有自由表现之体，于是书画又互相接近。例如汉以前，以人物画为主要，而且注重模范人物，含有教育之作用；六朝以后，偏重释、道，则显然为宗教之关系。唐以后，偏重山水及花鸟，更于写实以外，特创写意一派；于着色以外，特创水墨一派。于是极工致极称艳之图画，当然与书法相离益远，自显其独到之优点；而写意及水墨等派，则完全以作书者作画，亦即以作画者作书，而书画又特别接近矣。要之，中国书画，均以气韵为主，故虽不讳模仿，而天才优异者，自能表现个性，不为前人所掩。且苟非学问胸襟，超出凡近，而仅仅精于技术者，虽有佳作，在美术工艺上当认其价值，而在中国现代书画上，则不免以其气韵之不高而薄视之。此亦中国书画上共通性之一，而在近代始特别发展者也。

附志　此篇多取材于佩文斋《书画谱》、日本大村西崖氏《中国美术史》（陈彬龢译本）、郑昶《中国画学全史》、包世臣《艺舟双楫》、康有为《广艺舟双楫》、沙孟海《近三百年书家》等。因所引太多，且间有点窜，故篇中并不逐条注所自出，特志于此，以免掠美。又此篇以国文起草，英译出林语堂先生手，谨志感谢。

（1931 年作，为太平洋国际学会第四次大会提交的论文）

第四辑

文化与教育

何谓文化

我没有受过正式的普通教育，曾经在德国大学听讲，也没有毕业，那里配在学术讲演会开口呢？我这一回到湖南来，第一，是因为杜威、罗素两先生，是世界最著名的大哲学家，同时到湖南讲演，我很愿听一听。第二，是我对于湖南，有一种特别感想。我在路上，听一位湖南学者说："湖南人才，在历史上比较的很寂寞，最早的是屈原；直到宋代，有个周濂溪；直到明季，有个王船山，真少得很。"我以为蕴蓄得愈久，发展得愈广。近几十年，已经是湖南人发展的时期了，可分三期观察：一是湘军时代。有胡林翼、曾国藩、左宗棠及同时死战立功诸人。他们为清政府尽力，消灭太平天国，虽受革命党菲薄，然一时代人物，自有一时代眼光，不好过于责备。他们为维持地方秩序，保护人民生命，反对太平，也有片面的理由。而且清代经康熙、雍正以后，汉人信服满人几出至诚。直到湘军崛起，表示汉人能力，满人的信用才丧尽了。这也是间接促成革命。二是维新时代。梁启超、陈宝箴、徐仁铸等在湖南设立时务学堂，养成许多维新的人才。戊戌政变，被害的六君子中，以谭嗣同为最。他那思想的自由、眼光的远大，影响于后学不浅。三是革命时代。辛亥革命以前，革命党重要分子，湖南人最多，如黄兴、宋教仁、谭人凤等，是人人知道的。后来洪宪一役，又有蔡锷等恢复共和。已往的人才，已经如此热闹，将来宁可限量？此次驱逐张敬尧以后，励行文治，且首先举行学术讲演会，表示凡事推本学术的宗旨，尤为难得。我很愿来看看。这是我所以来的缘故。已经来了，不能不勉强说几句话。我知道湖南人对于新文化运动，有极高的热度。但希望到会诸君想想，那一项是已经实行到什么程度？应该什么样的求进步？

文化是人生发展的状况，所以从卫生起点，我们衣食住的状况，较之茹毛饮血、穴居野处的野蛮人，固然是进化了。但是我们的着衣吃饭，果然适合于生理么？偶然有病能不用乩方药签与五行生克等迷信，而利用医学药学的原理么？居室的光线空气，足用么？城市的水道及沟渠，已经整理么？道路虽然平坦，但行人常觉秽气扑鼻，可以不谋改革么？

卫生的设备，必需经费，我们不能不联想到经济上。中国是农业国，湖南又是产米最多的地方；俗语说“湖广熟，天下足”，可以证明。但闻湖南田每亩不过收谷三石，又并无副产。不特不能与欧美新农业比较，就是较之江浙间每亩得米三石，又可兼种蔬麦等，亦相差颇远。湖南富有矿产，有铁，有锑，有煤。工艺品如绣货、瓷器，亦皆有名。现在都还不大发达。因为交通不便，输出很不容易。考湖南面积比欧洲的瑞士、比利时、荷兰等国为大，彼等有三千以至七千启罗迈当的铁路，而湖南仅占有粤汉铁路的一段，尚未全筑。这不能不算是大缺陷。

经济的进化，不能不受政治的牵制。湖南这几年，政治上苦痛，终算受足了。幸而归到本省人的手，大家高唱自治，并且要从确定省宪法入手，这真是湖南人将来的生死关头。颇闻为制宪机关问题，各方面意见不同，此事或不免停顿。要是果有此事，真为可惜。还望大家为本省全体幸福计，彼此排除党见，协同进行，使省宪法得早日产出，自然别种政治问题，都可迎刃而解了。

近年政治家的纠纷，全由于政客的不道德，所以不能不兼及道德问题。道德不是固定的，随时随地，不能不有变迁，所以他的标准，也要用归纳法求出来。湖南人性质沈毅，守旧时固然守得很凶，趋新时也趋得很急。遇事能负责任，曾国藩说的“扎硬寨，打死仗”，确是湖南人的美德。但也有一部分的人似带点夸大、执拗的性质，是不可不注意的。

上列各方面文化，要他实行，非有大多数人了解不可，便是要从普及教育入手。罗素对于俄国布尔塞维克的不满意，就是少数专制多数。但这个专制，是因多数未受教育而起的。凡一种社会，必先有良好的小部分，然后能集成良好的大团体。所以要有良好的社会，必先有良好的个人，要有良好的个人，就要先有良好的教育。教育并不是专在学校，不过学校是严格一点，最初自然从小学人入手。各国都以小学为义务教育，有定为十年的，有八年的，至少如日本，也有六年。现在有一种人，不满足于小学教育的普及，提倡普及大学教育。我们现在这小学教育还没有普及，还不猛进么？

若定小学为义务教育，小学以上，尚应有一种补习学校。欧洲此种学校，专为已入工厂或商店者而设，于夜间及星期日授课。于普通国语、数学而外，备有各种职业教育，任学者自由选习。德国此种学校，有预备职业到二百余种的。国中有一二邦，把补习教育规定在义务教育以内，至少二年。我们学制的乙种实业学校，也是这个用意，但仍在小学范围以内。于已就职业的人，不便补习。鄙意补习学校，还是不可省的。

进一步，是中等教育。我们中等教育，本分两系：一是中学校，专为毕业后再受高等教育者而设；一是甲种实业学校，专为受中等教育后即谋职业者而设。学生的父兄沿了科举时代的习惯，以为进中学与中举人一样，不筹将来能否再进高等学校，姑令往学。及中学毕业以后，即令谋生，殊觉毫无特长，就说学校无用。有一种教育家，遂想在中学里面加职业教育，不知中等的职业教育，自可在甲种实业学校中增加科目，改良教授法；初不必破坏中学本体。又现在女学生愿受高等教育的，日多一日，各地方收女生的中学很少，湖南止有周南代用女子中学校一所，将来或增设女子中学，或各中学都兼收女生，是不可不实行的。

再进一步，是高等教育。德国的土地比湖南止大了一倍半，人口多了两倍，有大学二十。法国的土地，比湖南大了一倍半，人口也止多了一倍半，有大学十六。别种专门学校，两国都有数十所。现在我们不敢说一省，就全国而言，只有国立北京大学，稍为完备，如山西大学，北洋大学，规模都还很小。尚有外人在中国设立的大学，也是有名无实的居多。以北大而论，学生也只有两千多人，比较各国都城大学学生在万人以上的，就差得远了。湖南本来有工业、法政等专门学校，近且筹备大学。为提高文化起见，不可不发展此类高等教育。

教育并不专在学校，学校以外，还有许多的机关。第一是图书馆。凡是有志读书而无力买书的人，或是孤本，抄本，极难得的书，都可以到图书馆研究。中国各地方差不多已经有图书馆，但往往止有旧书，不添新书。并且书目的编制，取书的方法，借书的手续，都不便利于读书的人，所以到馆研究的很少。我听说长沙有一个图书馆，不知道内容什么样。

其次是研究所。凡大学必有各种科学的研究所，但各国为便利学者起见，常常设有独立的研究所。如法国的巴斯笃研究所，专研究生物化学及微生物学，是世界最著名的。美国富人，常常创捐基金，设立各种研究所，所以工艺上新发明很多。我们北京大学，虽有研究所，但设备很不完全。至于独立的研究所，竟还没有听到。

其次是博物院。有科学博物院，或陈列各种最新的科学仪器，随时公开讲演，或按着进化的秩序，自最简单的器械，到最复杂的装置，循序渐进，使人一览了然。有自然历史博物院，陈列矿物及动植物标本，与人类关于生理病理的遗骸，可以见生物进化的痕迹，及卫生的需要。有历史博物院，按照时代，陈列各种遗留的古物，可以考见本族渐进的文化。有人类学博物院，陈列各民族日用器物、衣服、装饰品以及宫室的模型、风俗的照片，可以作文野的比较。有美术博物院，陈列各时代各民族的美术品，如雕刻、图画、工艺、美术以及建筑的断片等，不但可以供美术家的参考，并可以提起普通人优美高尚的兴趣。我们北京有一个历史博物馆，但陈列品很少。其余还没有听到的。

其次是展览会。博物院是永久的，展览会是临时的。最通行的展览会，是工艺品、商品、美术品，尤以美术品为多。或限于一个美术家的作品，或限于一国的美术家，或征及各国的美术品。其他特别的展览会，如关于卫生的、儿童教育的，还多。我们前几年在南京开过一个劝业会，近来在北京、上海，开了几次书画展览会，其余殊不多见。

其次是音乐会。音乐是美术的一种，古人很重视的。古书有《乐经》《乐记》。儒家礼、乐并重，除墨家非乐外，古代学者，没有不注重音乐的。外国有专门的音乐学校，又时有盛大的音乐会。就是咖啡馆中，也要请几个人奏点音乐。我们全国还没有一个音乐学校，除私人消遣，照演旧谱，婚丧大事，举行俗乐外，并没有新编的曲谱，也没有普通的音乐会，这是文化上的大缺点。

其次是戏剧。外国的剧本，无论歌词的、白话的，都出文学家手笔。演剧的人，都受过专门的教育。除了最著名的几种古剧以外，时时有新的剧本。随着社会的变化，时有适应的剧本，来表示一时代的感想。又发表文学家特别的思想，来改良社会，是最重要的一种社会教育的机关。我们各处都有戏馆，所演的都是旧剧。近来有一类人想改良戏剧，但是学力不足，意志又不坚定，反为旧剧所同化，真是可叹。至于影戏的感化力，与戏剧一样，传布更易。我们自己还不能编制，外国输入的，又不加取缔，往往有不正当的片子，是很有流弊的。

其次是印刷品，即书籍与报纸。他们那种类的单复，销路的多寡，与内容的有无价值，都可以看文化的程度。贩运传译，固然是文化的助力，但真正文化是要自己创造的。

以上将文化的内容，简单的说过了。尚有几句紧要的话，就是文化是要实现的，不是空口提倡的。文化是要各方面平均发展的，不是畸形的。文化是活的，是要时时进行的，不是死的，可以一时停滞的。所以要大家在各方面实地进行，而且时时刻刻的努力，这才可以当得文化运动的一句话。

（1920年作，刊1921年《北京大学日刊》）

美术与科学的关系

诸君都是在专门学校肄业的，所学的都是专门的科学，而我所最喜欢研究的，却是美术，所以与诸君讲：美术与科学的关系。

我们的心理上，可以分三方面看：一面是意志，一面是知识，一面是感情。意志的表现是行为，属于伦理学，知识属于各科学，感情是属于美术的。我们是做人，自然行为是主体，但要行为断不能撇掉知识与感情。例如走路是一种行为，但要先探听：从那一条路走？几时可到目的地？探明白了，是有了走路的知识了；要是没有行路的兴会，就永不会走或走得不起劲，就不能走到目的地。又如踢球的也是一种行为，但要先研究踢的方法；知道踢法了，是有了踢球的知识了；要是不高兴踢，就永踢不好。所以知识与感情不好偏枯，就是科学与美术，不可偏废。

科学与美术有不同的点：科学是用概念的，美术是用直观的。譬如这里有花，在科学上讲起来，这是菊科的植物，这是植物，这是生物，都从概念上进行。若从美术家眼光看起来，这一朵菊花的形式与颜色觉得美观就是了。是不是叫作菊花，都可不管。其余的菊科植物什么样？植物什么样？生物什么样？更可不必管了。又如这里有桌子，在科学上讲起来，他那桌面与四足的比例，是合于力学的理法的；因而推到各种形式不同的桌子，同是一种理法；而且与桌子相类的椅子、凳子，也同是一种理法；因而推到屋顶与柱子的关系，也同是一种理法，都是从概念上进行。若从美术家眼光看起来，不过这一个桌面上纵横的尺度的比例配置得适当；四足的粗细与桌面的大小厚薄，配置得也适当罢了，不必推到别的桌子或别的器具。

但是科学虽然与美术不同，在各种科学上，都有可以应用美术眼光的地方。

算术是枯燥的科学，但美术上有一种截金法的比例，凡长方形的器物，最合于美感的，大都纵径与横径，总是三与五、五与八、八与十三等比例。就是圆形也是这样。

形学的点线面，是严格没有趣味的，但是图案画的分子，有一部分竟是点与直线、曲线，或三角形、四方形、圆形等凑合起来。又各种建筑或器具的形式，均不外乎直线、曲线的配置。不是很美观的么？

声音的高下，在声学上，不过一秒中发声器颤动次数的多少。但是一经复杂的乐器，繁变的曲谱配置起来，就可以成为高尚的音乐。

色彩的不同的在光学上，也不过光线颤动迟速的分别。但是用美术的感情试验起来，红黄等色，叫人兴奋；蓝绿等色，叫人宁静。又把各种饱和或不饱和的颜色配置起来，竟可以唤起种种美的感情。

矿物学不过为应用矿物起见，但因此得见美丽的结晶，金类宝石类的光彩，很可以悦目。

生物学，固然可以知动植物构造的同异、生理的作用，但因此得见种种植物花叶的美，动物毛羽与体段的美。凡是美术家在雕刻上、图画上或装饰品上用作材料的，治生物学的人都时时可以遇到。

天文学，固然可以知各种星体引力的规则与星座的多寡；但如月光的魔力，星光的异态，凡是文学家几千年来叹赏不尽的，有较多的机会可以赏玩。

照上头所举的例看起来，治科学的人，不但治学的余暇，可以选几种美术，供自己的陶养，就是所专研的科学上面，也可以兼得美术的趣味，岂不是一举两得么？

常常看见专治科学、不兼涉美术的人，难免有萧索无聊的状态。无聊不过于生存上强迫的职务以外，俗的是借低劣的娱乐作消遣，高的是渐渐的成了厌世的神经病。因为专治科学，太偏于概念，太偏于分析，太偏于机械的作用了。譬如人是何等灵变的东西，照单纯的科学家眼光，解剖起来，不过几根骨头，几堆筋肉。化分起来，不过几种原质。要是科学进步，一定可以制造生人，与现在制造机械一样。兼且凡事都逃不了因果律。即如我们今日在这里会谈，照极端的因果律讲起来，都可以说是前定的。我为什么此时到湖南，为什么今日到这个第一师范学校，为什么我一定讲这些呢，为什么来听的一定是诸位，这都有各种原因凑合成功，竟没有一点自由的。就是一人的生死，国家的存亡，世界的成毁，都是机械作用，并没有自由的意志可以改变他的。抱了这种机械的人生观与世界观，不但对于自己竟无生趣，对于社会毫无爱情，就是对于所治的科学，也不过"依样画葫芦"，决没有创造的精神。

防这种流弊，就要求知识以外，兼养感情，就是治科学以外，兼治美术。有了美术的兴趣，不但觉得人生很有意义，很有价值，就是治科学的时候，也一定添了勇敢活泼的精神。请诸君试验一试验。

（刊 1921 年《北京大学日刊》）

在春晖中学演说词

兄弟在北京时，经校长时常和我谈起春晖中学的情形，原早想来看看。此次回到故乡，又承五中沈校长邀同来此，今日得和诸位相会，非常欢喜。到了这里，觉得一切都好，所可说的只有羡慕诸君的话。我所羡慕诸君的有三：一是羡慕诸君有中学校可入，二是羡慕诸君所入的中学校是个私人创立的学校，三是羡慕诸君所入的学校有这样的好环境。

中学时代，是人生中最重要的一段。一切身体上、精神上、知识上的基础，都在这中学时代成。就身体上说，我们在这时候，正在发育时期，要想将来有健全的身体去担当社会事业，就非在这时候受正当的体育不可。就知识上说，凡是学问都不是独立的，譬如我想研究化学，就非知道数学、生物学、物理学等不可。如不在这时候修得普通知识，受到普通教育，将来就不能研求正当的学问。这时期无论在何种方面来看，都是重要关头，如果不让他好好地正当地经过，就要终身受亏。回想我从前和诸君一样年纪的时候，要求入中学而不可得，因为那时候还没有这样的一种机关。虽然读书，也无非延师教读，在家念点经书，作点当时通行的八股文而已。到了现在，身体不好，不能担当什么大事，虽想研究一种学问，可是根底没有，很觉得困难。譬如我想研究哲学，或是什么学科，但因没有数学、生物学、化学等的知识，就无从着手，要想一一重新学习呢，年龄已大，来不及了。这是我所常常自恨的。

中学一面继续着小学，一面又接着高等教育。诸君在小学时，大概都还不过是因了兴味而学习种种事情，对于各科，所得的不过是大约的概括的头绪，并未曾得着过分析的知识的。中学的功课比之小学，是较为分析的，将来到了专门大学，那分析将更精细。诸君已入中学，较在小学已更进一境，小学虽不过因了兴味来学习种种，在中学校，却不能只凭兴味，比之在小学时，要用点苦功下去，要格外精细的研究了。至于毕业后，或就去任社会事务，或去升入专门，各有各的一条路，分析将又细密，用力自然将又加多。但只要这时打好了根底，那时也就没有什么困难了。最重要的就是现在。关于各科，要好好地用功；身体要好好地当心，不要把他错过。这时代留意一分，终身就享受一分的利益，自己弄坏一分，终身就难免一分的吃亏。我回想到自己当时不得受中等教育，至今吃了不少的亏，所以对于今日在座的诸位，觉得很是羡慕。诸君生当现在，有中学可入，真是幸福。

现在中学已多，有官立的，有私立的。诸君所入的中学，却是一个个人创立的学校，尤为难得。这春晖中学是已故陈春澜先生独力出资创设的。他何以要出了许多私财来创立这个春晖中学呢？他虽有钱，如果不拿出来办这个学校，试问谁能强迫他，说他不是？可知他的出钱办学，完全出于自己的本心。他因为有感于自己幼时，未曾得到求学的机会，有了钱就出钱办学，使大家可以来此求学，这一层已很足使我们感动了。我们要怎样地用功，才不致辜负他这片苦心？春澜先生出钱办学时，想来总希望得着许多善良的学生，决不愿有坏学生的，我们要怎样地努力作好学生，才不至违反他的希望。我们人类，在生物中，无角无爪，很是柔弱，而能发达生存者，全在彼此互助，只顾一人，是断不能生存的。自己要人家帮助，同时也须帮助人家。譬如有能作工的，就应去帮助人家作工；有能医病的，就应去帮助人家医病。这样大家彼此互助，世界上的事情才弄得好。春澜先生出了这许多钱来办这个学校，于他自己是丝毫没有利益的，虽用了春晖二字做校名，他老先生死了，还自己晓得什么。他的出钱办学，无非要为帮助我们求学，他这样帮助了我们，我们将怎样地学他去帮助别人呢？这校的历史，种种都可以鼓舞我们，勉励我们。诸君得在此求学，比在别校更容易引起好的感想，更多自振的机会，这也是可羡慕的一件事。

春澜先生出钱办学，不办在都会，而办在这风景很好的清静的白马湖，这尤足令人快意。凡人行事，虽出于自己，但环境也是支配人的行为。人受环境影响，实是很大。孟母三迁，就是为此。譬如我们，如果置身于争权夺利的人群中，不久看惯了，也就会争权夺利起来，不以为耻了。此地白马湖四周没有坏的事情来诱惑我们，于修养最宜。风景的好，又是城市中人所难得目睹的，空气清爽，不比都会的烟尘熏蒸。这里所有的东西，在都市里都是难得办到的，或不能办到的。在都市的学校，要觅一个运动场不可得，而此地却有很宽大的运动场，并且要扩充也容易。都市中人要花许多旅费才能领略的山水，而诸君却可朝夕赏玩，游钓任意。诸君要研究生物，标本随时随处可得；要研究地理，随处都是材料；天上的星辰，空中的飞鸟，无一不是供给诸君实际上的知识。此地的环境，可以使得诸君于品格上、身体上、知识上得着无限的利益，我很羡慕。

又，人生在世，所要的不但是知识，还要求情的满足。知识的能力，足以征服自然，现在的电灯，较古时的油灯进步；现在的飞机、轮船、火车，较古时的舟车进步。古人虽有很好的心思，但因为被偏见所迷，以为异国人或异种人是可以杀的，或是可以食的，遂有种种残忍不道的危险。现在知识进步，已逐渐把这种偏见除去了许多了。知识上的进步，可以使人得着安全的生活，现在一切穿的、吃的、用的，都好于从前，一切都比从前危险少而利益多。某事怎么去做才便利，怎么去想法子才安全，这都是从知识上计较打算来的。知识的进步，正无限量，将来还不知道有怎样安全快乐便利的生活可得哩！可是人类于知识以外，还有情的要求。世间尽有许多人们，物质的生活虽已安全舒服，心里还觉得有许多不满意的。一个人虽不能全没有计较打算，但有的却情愿做和计较打算无关系的事，不如此，就觉得不快，这就是爱美的情。人有爱美的情，原是自然而然的。野蛮人拾了海边的贝壳，编串为各种的式样，挂在身上，或于食了动物以后，更在其骨上雕刻种种花样，视以为乐。乡间农人每逢新年，欢喜买几张花纸贴在壁上，有的或将香烟里的小画片粘贴起来。这在我们看去，或以为不好看，但在他们，却以为是很美的。又如有人听唱戏，学了歌，便喜欢仰天唱唱，或是弄弄什么乐器，这都是人类爱美的心情的流露。也可以说是人与动物不同的地方。其实动物中有许多已有爱美的表现，如鸟类已有美音和美羽。美的东西，虽饥不可以为食，寒不可以为衣，可是却省不来。人如终日在计较打算之中，那便无味。求美也和求知识一样，同是要事。古来伦理学者中有许多人将人生的目的，完全放在快乐二字上面，以为人生的目的，无非在快乐。这虽一偏之见，但快乐很是要事，物质的快乐，有时还不能使人满意，最要紧的就是情的满足。人如果只为生存，只计较打算利益，其实世间没有不可做的事。可是现在有一种人，自己所不愿的事，无论怎样有利于己，总不肯做；自己所愿做的事，无论如何于物质的生活上有害，还是要做，甚至于牺牲生命，也所不惜。这就是所谓高尚。高尚也是一种美。我们人类不愿做丑事，愿做美事，就是天性爱美的缘故。若只为生存，还有什么事不可做呢？人不能绝对的不顾自己，但也不能绝对的只求利己，有时还要离了浅薄的自利主义，为别人牺牲自己的一部分或是全体，才能自己满足。譬如陈春澜先生出资办学，就是牺牲行为之一，他并不知后来在校求学的是哪一个，于自己有何利益，却肯出资办学，这就是高尚的美行，我们应该学他的。那么我们怎样才会能牺牲自己呢？我们做人，最要紧的是于一日之中，有一种时候不把计较打算放在心里，久而久之，自然有时会发出美的行为来，不觉而能牺牲了。用了计较打算的态度去看一切，一切都无美可得。譬如田间的麦，有人以为粉可充饥，杆可编物、燃火，有人离了这种见解，只赏玩他的叫作"麦浪"的一种随风的波动。又如有人见了山上的植物，以为果可作食品，根可做什么药的，有人却只爱它花的色样或枝叶的风趣。又如有人在白马湖居住了，钓鱼来吃，斫柴来烧，有人却从远远的城市，花了许多钱跑来看看风景，除此外无所求。这两者看法不同，前者是计较打算的，后者是美的。人能日常除去计较打算，才会渐渐的美起来。

美有自然美、人造美两种，山水风景属于自然美，绘画音乐等属于人造美。人造美随处可作，不限地方，如绘画、音乐在城市也可赏鉴的。至于自然，却限于一定的地方才可领略。人在稠密的城市中，难得有自然美，所以住在城市的人，家家都喜欢挂山水画，他们四面找不出好风景，所以只好在画中看看罢了。诸君现在处在这样好的风景之中，真是难得的好机会，我很羡慕。诸位将来出去到社会上任事的时候，我想必定要回想到白马湖的风景，因为那时必无这样的好山好水给诸君领略了。在这几年中，务必好好的领略，才不辜负了这样的好地方。

以上是我对于诸君所羡慕的三桩事。如前所说，中学时代是终身中关系最重的一段，诸君既入了中学，身体、知识都要趁现在注意留心。这校的历史，足以使诸君发生至好的感想，宜格外自励，不可错过机会。此地有这样的好风景，是别处所不易得的，趁现在有机会要请诸君好好的领略。最要紧的就是现在了。

（1923 年作）

中国新教育之趋势

——在暨南大学演说词

今天是总理诞辰，我们都来开会纪念他，那么，对于他的主义一定是十分信仰，对于他的计划一定是要力行的。但是总理的计划很大，如军事、教育、政治、经济等皆是，我们不能够完全担任，只能分工做去，以谋完成他的计划。我们分任教育，所以只能讲教育。前天贵校教务长说，同学们要我来讲中国新教育的趋势，现在请先说大学区的组织，然后再说新教育的意义。

大学区是地方教育行政上的一种制度。在七八年前，我曾发表过意见说：最好是以大学来管理全省的学务，但是，未曾实现。迨国民革命军达到浙江之后，蒋君梦麟就要把浙江先行试验一下，因为现在是二十世纪，无一桩事体不与从前相差很远的。我们应该顺应时代的潮流，不能牢守旧制，不谋改革。而且一省的教育范围很大，大学、中学、小学都包括其中，断非一个教育厅所能办得好的。我们拿工业上制造品来说，是以美为要件的，譬如一只花瓶，一定要经过科学方法的发明，富有美术的意味，买花瓶的人，必定选一个合意的，就是以它为美丽。何以要有所选择呢？就是因为好的被选择，不好的被淘汰，美术才有发展进步的机会呵！教育是培养人才的，是不可以不注意科学与艺术的。办学校的教职员，有的是师范生，有的不是师范生，他们好不好，教育厅是应当去考察的，假如仍由从前官僚化的教育厅来管理地方教育行政，那是永无改进的希望的。因为教育厅厅长及科长、科员等，他们的学识，固然未必全在学校教职员之上，而且他们离开学校很久，不甚明白社会的潮流，所以他们尽敷衍表面，而无实际的心得。现在大学区的办法，是由大学校长兼管本区的中小学及其他特殊教育，教育行政都归大学教授组织，并且有研究院担任种种计划。这种制度，法国久已实行了，法国分全国为十七个大学区。我本想分全国为十个大学区，恐怕难于成功，所以规划在江苏、浙江两省试办，不过粗具规模罢了。现在的教育行政部，是一部分教授和专门研究过教育的学者来组织的，我想比从前的教育厅总许要好些，办得长久，定会发达的。至于中央的大学院，除掉一小部分属于行政事情以外，其余皆是研究的机关，如美术院、音乐院、中央研究院等皆是。

现在我再来讲新教育之意义，可分三点：

（一）养成科学的头脑 从前有许多不是科学的，如心理学从前是附属于哲学，现在应用物理的方法，生理的方法来研究它，便成为科学了。又如经济、政治也是应用科学方法来研究的。还有许多用统计的方法的，均不离科学，而且与科学相连贯。现在有许多人最易受刺激，听人怎样说，便怎样信，这实在是因为他们没有科学头脑，不能求其因果。凡事要考求其所以然，要穷究其因果关系，那么他的头脑才算经过一番科学的训练。譬如开车，我要由上海到真如，定要再等一个钟点，并且要亲至站里头看看开行的时刻表，不是人家怎么说，我便怎样信的。因为科学家所发明的，都是有因果、有系统的，物质同办事的两方面，固然是要如此，对于精神的——教育——也是要养成科学的头脑的。希望科学家全体起来，研究怎样可以叫人养成科学的头脑，不妨多办几所研究院。

（二）养成劳动的能力 劳动是人生一桩最要紧的事体。在总理的三民主义中的民生问题，简单说起来，就是人人要能生产，人人能生活。犹如古人所说："一夫不耕，天下受其饥，一妇不织，天下受其寒"的意思。若要人人能生产，那是非打破"劳力"和"劳心"的成见不可，因为有这种的分别，易使一般劳心的永远劳心，劳力者永远劳力，渐渐形成两种阶级。这两种阶级的发生，实由于教育的不平等。所以要想救此弊端，非普及教育不可，使劳动者得有智识，劳心者也去劳力，这实在是一件要紧的事。李石曾先生说过：各个人至少要当三年兵，一年作工，使得劳心者可以养成劳动的习惯，真是一件最好的事！现在大学院创办劳动大学，分为劳工学院、劳农学院，收中学、小学的毕业生，入劳动大学读书，养成他们作工的习惯；又有工人学校，使劳工得些智识，如这样的学校，以后还望逐渐的添办起来。

（三）提倡艺术的兴趣　我们无论做什么事，因为艺术的关系，能够增进我们的精神，便增加了一种兴趣，这就叫作艺术的兴趣。譬如一个文学家，他终身埋在文学里面，旁人看他所工作的，似乎很苦恼，然而他终是不停的工作，这便是得到一种艺术的兴趣，甚至于全忘他的生死。诸君从南洋回到本国来，言语不通，真是非常痛苦的一件事，很可借艺术来调剂，最好多开些音乐会、展览会。在国家方面，多开设几所美术馆、音乐院来提倡艺术的兴趣。不过现在中国，还没有完全的音乐院。这是只有希望做教员的能够学术化，担任的钟点不要多，留着余暇来自修，同学们要认真求学，不可计算几时毕业，只想多收几份讲义便算了事。

从前国内政治不好，教员都不能安心做事，学生不能一心求学。现在军阀的势力已经去掉，到了训政时期，大家可以抱定宗旨，将精神收敛在学校以内，来做国家建设的人才。在此时期，对于科学、劳动、艺术三方面，均须努力。外面虽来了刺激，不像从前那样兴奋。此是我希望诸位同学的。

（1927 年作）

文化运动不要忘了美育

现在文化运动，已经由欧美各国传到中国了。解放呵！创造呵！新思潮呵！新生活呵！在各种周报日报上，已经数见不鲜了。但文化不是简单，是复杂的；运动不是空谈，是要实行的。要透彻复杂的真相，应研究科学；要鼓励实行的兴会，应利用美术。科学的教育，在中国可算有萌芽了；美术的教育，除了小学校中机械性的音乐、图画以外，简截可说是没有。

不是用美术的教育提起一种超越利害的兴趣，融合一种划分人我的僻见，保持一种永久平和的心境；单单凭那个性的冲动，环境的刺激，投入文化运动的潮流，恐不免有下列三种的流弊：

(1) 看得很明白，责备他人也很周密，但是到了自己实行的机会，给小小的利害绊住，不能不牺牲主义。

（2）借了很好的主义作护身符，放纵卑劣的欲望；到劣迹败露了，叫反对党把他的污点影射到神圣主义上，增了发展的阻力。

（3）想用简单的方法，短少的时间，达他的极端的主义，经了几次挫折，就觉得没有希望，发起厌世观，甚且自杀。这三种流弊，不是渐渐发见了么？一般自号觉醒的人，还能不注意么？

文化进步的国民，既然实施科学教育，尤要普及美术教育。专门练习的，既有美术学校、音乐学校、美术工艺学校、优伶学校等，大学校又设有文学、美学、美术史、乐理等讲座与研究所。普及社会的有公开的美术馆或博物院，中间陈列品或由私人捐赠，或用公款购置，都是非常珍贵的。有临时的展览会，有音乐会，有国立或公立的剧院，或演歌舞剧，或演科白剧，都是由著名的文学家、音乐家编制的。演剧的人多是受过专门教育、有理想、有责任心的。市中大道，不但分行植树，并且间以花畦，逐次移植应时的花。几条大道的交叉点，必设广场，有大树，有喷泉，有花坛，有雕刻品。小的市镇总有一个公园。大都会的公园，不止一处。又保存自然的林木，加以点缀，作为最自由的公园。一切公私的建筑，陈列器具，书肆与画肆的印刷品，各方面的广告，都是从美术家的意匠构成。所以不论那一种人，都时时刻刻有接触美术的机会。我们现在，除文字界稍微有点新机外，别的还有什么？书画是我们的国粹，都是模仿古人的。古人的书画，是有钱的收藏了，作为奢侈品，不是给人人共见的。建筑雕刻，没有人研究。在嚣杂的剧院中，演那简单的音乐，卑鄙的戏曲。在市街上散步，只见飞扬的尘土，横冲直撞的车马，商铺门上贴着无聊的春联，地摊上出售那恶俗的花纸。在这种环境中讨生活，怎么能引起活泼高尚的感情呢？所以我很望致力文化运动诸君，不要忘了美育。

（刊 1919 年《晨报副镌》）

美育实施的方法

我国初办新式教育的时候，止提出体育、智育、德育三条件，称为三育。十年来，渐渐的提到美育，现在教育界已经公认了。李石岑先生要求我说说“美育实施的方法”，我把我个人的意见写在下面。

照现在教育状况，可分为三个范围：

（1）家庭教育；

（2）学校教育；

（3）社会教育。

我们所说的美育，当然也有这三方面。

我们要作彻底的教育，就要着眼最早的一步。虽不能溢出范围，推到优生学；但至少也要从胎教起点。我从不信家庭有完美教育的可能性，照我的理想，要从公立的胎教院与育婴院着手。

公立胎教院是给孕妇住的，要设在风景佳胜的地方，不为都市中混浊的空气、纷扰的习惯所沾染。建筑的形式要匀称，要玲珑，用本地旧派，略参希腊或文艺中兴时代的气味。凡埃及的高压式，峨特的偏激派，都要避去。四面都是庭园，有广场，可以散步，可以作轻便的运动，可以赏月观星。园中杂莳花木，使四时均有雅丽之花叶，可以悦目。选毛羽秀丽、鸣声谐雅的动物，散布花木中间；须避去用索系猴、用笼装鸟的习惯。引水成泉，勿作激流。汇水成池，蓄美观活泼的鱼。室内糊壁的纸、铺地的毡，都要选恬静的颜色、疏秀的花纹。应用与陈列的器具，要轻便雅致，不取笨重或过于琐巧的。一室中要自成系统，不可混乱。陈列雕刻、图画，都取优美一派；应有健全体格的裸体像与裸体画。凡有粗犷、猥亵、悲惨、怪诞等品，即使描写个性，大有价值，这里都不好加入。过度激刺的色彩，也要避去。备阅览的文字，要乐观的，和平的；凡是描写社会黑暗方面，个人神经异常的，要避去。每日可有音乐，选取的标准，与图画一样，激刺太甚的，卑靡的，都不取。总之，各种要孕妇完全在平和活泼的空气里面，才没有不好的影响传到胎儿。这是胎儿的美育。

孕妇产儿以后，就迁到公共育婴院。第一年是母亲自己抚养的；第二、三年，如母亲要去担任他的专业，就可把婴儿交给保姆。育婴院的建筑，与胎教院大略相同，或可联合一处。其中陈列的雕刻图画，可多选裸体的康健儿童，备种种动静的姿势；隔几日，可更换一套。音乐，选简单静细的。院内成人的言语与动作，都要有适当的音调态度，可以作儿童的模范。就是衣饰，也要有一种优美的表示。

在这些公立机关未成立以前，若能在家庭里面，按照上列的条件小心布置，也可承认为家庭美育。儿童满了三岁，要进幼稚园了。幼稚园是家庭教育与学校教育的过渡机关，那时候儿童的美感，不但被动的领受，并且自动的表示了。舞蹈、唱歌、手工，都是美育的专课。就是教他计算、说话，也要从排列上、音调上迎合他们的美感，不可用枯燥的算法与语法。

儿童满了六岁，就进小学校，此后十一二年，都是普通教育时期，专属美育的课程，是音乐、图画、运动、文学等。到中学时代，他们自主力渐强，表现个性的冲动渐渐发展，选取的文字、美术，可以复杂一点。悲壮、滑稽的著作，都可应用了。

但是美育的范围，并不限于这几个科目，凡是学校所有的课程，都没有与美育无关的。例如数学，仿佛是枯燥不过的了；但是美术上的比例、节奏，全是数的关系，截金术是最显的例。数学的游戏，可以引起滑稽的美感。几何的形式，是图案术所应用的。理化学似乎机械性了；但是声学与音乐，光学与色彩，密切得很。雄强的美，全是力的表示。美学中有“感情移入”论，把美术品形式都用力来说明他。文学、音乐、图画，都有冷热的异感，可以从热学上引起联想。磁电的吸拒，就是人的爱憎。有许多美术工艺，是用电力制成的。化学实验，常见美丽的光焰；元子、电子的排列法，可以助图案的变化。图画所用的颜料，有许多是化学品。星月的光辉，在天文学上不过映照距离的关系，在文学、图画上便有绝大的魔力。矿物的结晶、闪光与显色，在科学上不过自然的结果；在装饰品便作重要的材料。植物的花叶，在科学上不过生殖与呼吸机关，或供分类的便利；动物的毛羽与声音，在科学上作为保护生命的作用，或雌雄淘汰的结果；在美术、文学上都为美观的材料。地理学上云霞风雪的变态，山岳河海的名胜，文学家美学家的遗迹；历史上文学美术的进化，文学家美术家的轶事；也都是美育的资料。

由普通教育转到专门教育，从此关乎美育的学科，都成为单纯的进行了。爱音乐的进音乐学校，爱建筑、雕刻、图画的进美术学校，爱演剧的进戏剧学校，爱文学的进大学文科，爱别种科学的人就进了别的专科了。但是每一个学校的建筑式、陈列品，都要合乎美育的条件。可以时时举行辩论会、音乐会、成绩展览会、各种纪念会等，都可以利用他来行普及的美育。

学生不是常在学校的，又有许多已离学校的人，不能不给他们一种美育的机会；所以又要有社会的美育。

社会美育，从专设的机关起：

(1) 美术馆，搜罗各种美术品，分类陈列。于一类中，又可依时代为次。以原本为主，但别处所藏的图画，最著名的，也用名手的摹本。别处所藏的雕刻，也可用摹造品。须有精印的目录，插入最重要品的摄影。每日定时开馆。能不收入门券费最善，必不得已，每星期日或节日必须免费。

(2) 美术展览会，须有一定的建筑，每年举行几次，如春季展览、秋季展览等。专征集现代美术家作品，或限于本国，或兼征他国的。所征不胜陈列，组织审查委员选定。陈列品可开明价值，在会中出售。余时亦可开特别展览会，或专陈一家作品，或专陈一派作品。也有借他国美术馆或私人所藏展览的。

(3) 音乐会，可设一定的会场，定期演奏。在夏季也可在公园、广场中演奏。

(4) 剧院，可将歌舞剧、科白剧分设两院，亦可于一院中更番演剧。剧本必须出文学家手笔，演员必须受过专门教育。剧院营业，如不敷开支，应用公款补助。

(5) 影戏馆，演片须经审查，凡无聊的滑稽剧，凶险的侦探案，卑猥的恋爱剧都去掉。单演风景片与文学家作品。

（6）历史博物馆，所收藏大半是美术品，可以看出美术进化的痕迹。

（7）古物学陈列所，所收藏的大半是古代的美术品，可以考见美术的起源。

（8）人类学博物馆，所收藏的不全是美术品，或者有很丑恶的，但可以比较各民族的美术，或是性质不同，或是程度不同。无论如何幼稚的民族，总有几种惊人的美术品。又往往不相交通的民族，有同性质的作品。很可以促进美术的进步。

（9）博物学陈列所与植物园、动物园，这固然不专为美育而设，但矿物的标本与动植物的化石，或色彩绚烂，或结构精致，或形状奇伟，很可以引起美感。若种种生活的动植物，值得赏鉴，更不待言了。

在这种特别设备以外，又要有一种普遍的设备，就是地方的美化。若止有特别的设备，平常接触耳目的，还是些卑丑的形状，美育就不完全；所以不可不谋地方的美化。

地方的美化：第一是道路。欧洲都市最广的道路，两旁为人行道，其次公车来往道，又间以种树，艺花，及游人列坐的地方二三列，这自然不能常有的。但每条道路，都要宽平。一地方内各条道路，要有一点匀称的分配。道路交叉的点，必须留一空场，置喷泉、花畦、雕刻品等。

第二是建筑。三间东倒西歪屋，固然起脆薄、贫乏的感想；三四层匣子重叠式的洋房，也可起板滞、粗俗的感想。若把这两者并合在一处，真异常难受了。欧美海滨或山坳的别墅团体，大半是一层楼，适合小家庭居住，二层的已经很少，再高是没有的。四面都是花园，疏疏落落，分开看各有各的意匠，合起来看，合成一个系统。现在各国都有“花园城”的运动，他们的建筑也大概如此。我们的城市改革很难，组织新村的人，不可不注意呵！

第三是公园。公园有两种：一种是有围墙，有门，如北京中央公园，上海黄浦滩外国公园的样子。里面人工的设备多一点，进去有一点制限。还有一种，是并无严格的范围，以自然美为主，最要的是一大片林木，中开无数通路可以散步。有几大片草地可以运动。有一道河流，或汇成小湖，可以行小舟。建筑品不很多，游人可自由出入。在巴黎、柏林等，地价非常昂贵，但是这一类大公园，都有好几所永远留着。

第四是名胜的布置。瑞士有世界花园的称号，固然是风景很好，也是他们的保护点缀很适宜，交通很便利，所以能吸引游人。美国有好几所国家公园，地面很大，完全由国家保护，不能由私人随意占领，所以能保留他的优点，不受损坏。我们国内，名胜很多，但如黄山等，交通不便，颇难游赏。交通较便的如西湖等，又漫无限制，听无知的人造了许多拙劣的洋房，把自然美缀了许多污点，真是可惜。

第五是古迹的保存。新近的建筑，破坏了很不美观。若是破坏的古迹，转可以引起许多历史上的联想，于不完全中认出美的分子来。所以保存古迹，以不改动他为原则。但有些非加修理不可的，也要不显痕迹，且按着原状的派式。并且留得原状的摄影，记述修理情形同时日，备后人鉴别。

第六是公坟。我们中国人的做坟，可算是混乱极了。贫的是随地权厝，或随地做一个土堆子。富的是为了一个死人，占许多土地。石工墓木，也是千篇一律，一点没有美意。照理智方面观察，人既死了，应交医生解剖，若是于后来生理上病理上可备参考的，不妨保存起来。否则血肉可作肥料，骨骼可供雕刻品，也算得是废物利用了。但是人类行为，还有感情方面的吸力，生人对于死人，决不肯把他哀感所托的尸体，简单的处置了。若是照我们南方各省，满山是坟，不但太不经济，也是破坏自然美的一端。现在不如先仿西洋的办法，他们的公坟有两种：一是土葬的，如上海三马路，北京崇文门，都有西洋的公坟。他是画一块地，用墙围着，布置一点林木。要葬的可以指区购定。墓旁有花草，墓上的石碑有花纹，有铭词，各具意匠，也可窥见一时美术的风尚。还有一种是火葬，他们用很庄严的建筑，安置电力焚尸炉。

既焚以后，把骨灰聚起来，装在古雅的瓶里，安置在精美石坊的方孔中。所占的地位，比土葬减少，坟园的布置，也很华美。这些办法都比我们的随地乱葬好，我们不妨先采用。

我说美育，一直从未生以前，说到既死以后，可以休了。中间有错误的、脱漏的，我再修补，尤希望读的人替我纠正。

（刊1919年《晨报副镌》）

美育

美育者，应用美学之理论于教育，以陶养感情为目的者也。人生不外乎意志，人与人互相关系，莫大乎行为，故教育之目的，在使人人有适当之行为，即以德育为中心是也。顾欲求行为之适当，必有两方面之准备：一方面，计较利害，考察因果，以冷静之头脑判定之；凡保身卫国之德，属于此类，赖智育之助者也。又一方面，不顾祸福，不计生死，以热烈之感情奔赴之。凡与人同乐、舍己为群之德，属于此类，赖美育之助者也。所以美育者，与智育相辅而行，以图德育之完成者也。

吾国古代教育，用礼、乐、射、御、书、数之六艺。乐为纯粹美育；书以记述，亦尚美观；射御在技术之熟练，而亦态度之娴雅；礼之本义在守规则，而其作用又在远鄙俗；

盖自数以外，无不含有美育成分者。其后若汉魏之文苑、晋之清谈、南北朝以后之书画与雕刻、唐之诗、五代以后之词、元以后之小说与剧本，以及历代著名之建筑与各种美术工艺品，殆无不于非正式教育中行其美育之作用。

其在西洋，如希腊雅典之教育，以音乐与体操并重，而兼重文艺。音乐、文艺，纯粹美育。体操者，一方以健康为目的，一方实以使身体为美的形式之发展；希腊雕像，所以成空前绝后之美，即由于此。所以雅典之教育，虽谓不出乎美育之范围，可也。罗马人虽以从军为政见长，而亦输入希腊之美术与文学，助其普及。中古时代，基督教徒，虽务以清静矫俗；而峨特式之建筑，与其他音乐、雕塑、绘画之利用，未始不迎合美感。自文艺复兴以后，文艺、美术盛行。及十八世纪，经包姆加敦（Baumgarten，1717—1762）与康德（Kant，1724—1804）之研究，而美学成立。经席勒尔（Schiller，1759—1805）详论美育之作用，而美育之标识，始彰明较著矣。（席勒尔所著，多诗歌及剧本；而其关于美学之著作，惟 Brisfe über die ästhetisehe Erziehung，吾国“美育”之术语，即由德文之 Ästhetische Erziehung 译出者也。）自是以后，欧洲之美育，为有意识之发展，可以资吾人之借鉴者甚多。

爰参酌彼我情形而述美育之设备如下：美育之设备，可分为学校、家庭、社会三方面。

学校自幼稚园以至大学校，皆是。幼稚园之课程，若编纸、若粘土、若唱歌、若舞蹈、若一切所观察之标本，有一定之形式与色泽者，全为美的对象。进而至小学校，课程中如游戏、音乐、图画、手工等，固为直接的美育；而其他语言与自然、历史之课程，亦多足以引起美感。进而及中学校，智育之课程益扩加；而美育之范围，亦随以俱广。例如，数学中数与数常有巧合之关系。几何学上各种形式，为图案之基础。物理、化学上能力之转移，光色之变化；地质学的矿物学上结晶之匀净，闪光之变幻；植物学上活色生香之花叶；动物学上逐渐进化之形体，极端改饰之毛羽，各别擅长之鸣声；天文学上诸星之轨道与光度；地文学上云霞之色彩与变动；地理学上各方之名胜；历史学上各时代伟大与都雅之人物与事迹；以及其他社会科学上各种大同小异之结构，与左右逢源之理论；无不于智育作用中，含有美育之原素，一经教师之提醒，则学者自感有无穷之兴趣。其他若文学、音乐等之本属于美育者，无待言矣。进而至大学，则美术、音乐、戏剧等皆有专校，而文学亦有专科。即非此类专科、专校之学生，亦常有公开之讲演或演奏等，可以参加。而同学中亦多有关于此等美育之集会，其发展之度，自然较中学为高矣。且各级学校，于课程外，尚当有种种关于美育之设备。例如，学校所在之环境有山水可赏者，校之周围，设清旷之园林。而校舍之建筑，器具之形式，造像摄影之点缀，学生成绩品之陈列，不但此等物品之本身，美的程度不同；而陈列之位置与组织之系统，亦大有关系也。

其次家庭：居室不求高大，以上有一二层楼，而下有地窟者为适宜。必不可少者，环室之园，一部分杂莳花木，而一部分可容小规模之运动，如秋千、网球之类。其他若卧室之床几，膳厅之桌椅与食具，工作室之书案与架柜，会客室之陈列品，不问华贵或质素，总须与建筑之流派及各物品之本式，相互关系上，无格格不相入之状。其最必要而为人人所能行者，清洁与整齐。其他若鄙陋之辞句，如恶谑与谩骂之类；粗暴与猥亵之举动，无老幼、无男女、无主仆，皆当屏绝。

其次社会：社会之改良，以市乡为立足点。凡建设市乡，以上水管、下水管为第一义；若居室无自由启闭之水管，而道路上见有秽水之流演，粪桶与粪船之经过，则一切美观之设备，皆为所破坏。次为街道之布置，宜按全市或全乡地面而规定大街若干、小街若干，街与街之交叉点，皆有广场。场中设花坞，随时移置时花；设喷泉，于空气干燥时放射之；如北方各省尘土飞扬之所，尤为必要。陈列美术品，如名人造像，或神话、故事之雕刻等。街之宽度，预为规定，分步行、车行各道，而旁悉植树。两旁建筑，私人有力自营者，必送其图于行政处，审为无碍于观瞻而后认可之；其无力自营而需要住所者，由行政处建设公共之寄宿舍，或为一家者，或为一人者，以至廉之价赁出之。于小学校及幼稚园外，尚有寄儿所，以备孤儿或父母同时作工之子女可以寄托，不使抢攘于街头。对于商店之陈列货物，悬挂招牌，张贴告白，皆有限制，不使破坏大体之美观，或引起恶劣之心境。载客运货之车，能全用机力，最善。必不得已而利用畜力，或人力，则牛马必用强壮者，装载之量与运行之时，必与其力相称。人力间用以运轻便之物，或负担，或曳车、推车。若为人舁轿挽车，惟对于病人或妇女，为徜徉游览之助者，或可许之。无论何人，对于老牛、羸马之竭力以曳重载，或人力车夫之袒背浴汗而疾奔，不能不起一种不快之感也。设习艺所，以收录贫苦与残疾之人，使得于能力所及之范围，稍有所贡献，以偿其所享受，而不许有沿途乞食者。设公墓，可分为土葬、火葬两种，由死者遗命或其子孙之意而选定之。墓地上分区、植树、莳花、立碑之属，皆有规则。不许于公墓以外，买地造坟。分设公园若干于距离适当之所，有池沼亭榭、花木鱼鸟，以供人工作以后之休憩。设植物园，以观赏四时植物之代谢。设动物园，以观赏各地动物特殊之形状与生活。设自然历史标本陈列所，以观赏自然界种种悦目之物品。设美术院，以久经鉴定之美术品，如绘画、造像及各种美术工艺，刺绣，雕镂之品，陈列于其中，而有一定之开放时间，以便人观览。设历史博物院，以使人知一民族之美术，随时代而不同。设民族学博物院，以使人知同时代中，各民族之美术，各有其特色。设美术展览会，或以新出之美术品，供人批评；或以私人之所收藏，暂供众览；或由他处陈列所中，抽借一部，使观赏者常有新印象，不为美术院所限也。设音乐院，定期演奏高尚之音乐，并于公园中为临时之演奏。设出版物检查所，凡流行之诗歌、小说、剧本、画谱，以至市肆之挂屏、新年之花纸，尤其儿童所读阅之童话与画本等，凡粗犷、猥亵者禁止之，而择其高尚优美者助为推行。设公立剧院及影戏院，专演文学家所著名剧及有关学术，能引起高等情感之影片，以廉价之入场券引人入览。其他私人营业之剧院及影戏院，所演之剧与所照之片，必经公立检查所之鉴定，凡卑猥陋劣之作，与真正之美感相冲突者，禁之。婚丧仪式，凡陈陈相因之仪仗、繁琐无理之手续，皆废之；定一种简单而可以表示哀乐之公式。每年遇国庆日，或本市本乡之纪念日，则于正式祝典以外，并可有市民极端欢娱之表示；然亦有一种不能越过之制限；盖文明人无论何时，总不容有无意识之举动也。以上所举，似专为新立之市乡而言，其实不然。旧有之市乡，含有多数不合美育之分子者，可于旧市乡左近之空地，逐渐建设，以与之交换；或即于旧址上局部改革。

要之，美育之道，不达到市乡悉为美化，则虽学校、家庭尽力推行，而其所受环境之恶影响，终为阻力，故不可不以美化市乡为最重要之工作也。

（刊 1930 年《教育大辞书》条目）

二十五年来中国之美育

美育的名词，是民国元年我从德文的 Ästhetische Erziehung 译出，为从前所未有。在古代说音乐的，说文学的，说书画的，都说他们有陶冶性情的作用，就是美育的意义；不过范围较小，教育家亦未曾作普及的计划；最近二十五年，受欧洲美术教育的影响，始着手于各方面的建设，虽成绩不甚昭著，而美育一名词，已与智育、德育、体育等，同为教育家所注意，这不能不算是二十五年的特色。今把具体的事项，分别叙述于后。

一　造形美术

（甲）美术学校

现在国立的美术学校有二，私立的各地多有，但在教育部有案可稽的很少，而一时亦未及征集概况，大抵是二十五年以内次第设立的，要以上海美术专门学校为最早。

（子）私立上海美术专门学校——民国元年十一月，武进刘海粟设上海图画美术院于上海乍浦路，发表宣言如左：

(1) 我们要发展东方固有的美术；研究西方艺术的精英。

(2) 我们要在残酷无情、干枯、堕落的社会里，尽宣传艺术的责任，把固有的创造精神恢复。

对于创造美术学校的旨趣，可称扼要。是院于二年三月开课，仅设绘画科两班，学生十二人。是年七月，于正科外，设选科。三年，改绘画科为西洋画科。四年一月，增设艺术师范科。九年四月，更名上海美术学校，规定设中国画科、西洋画科、工艺图案科、雕塑科、高级师范科、初级师范科，凡六科，学生三百人。是年六月，设暑期学校，兼收女生。十年八月，奉教育部令，定名上海美术专门学校。十二年五月，建西洋画科新校舍于徐家汇路，十二月，改中国画科为中国画系。十三年，改造师范部校舍，改高等师范科为艺术教育系，同时开办雕塑系。十四年十月，建存天院为西洋画教室，并于第二层楼设存天阁，陈列古物名画，是时雕塑系无学生，停办。十九年开学时，有中国画系、西洋画系、艺术教育系、音乐系四系，学生五百人。

（丑）国立北平大学艺术学院——民国七年，教育部始设北京美术学校于北京西城，设绘画、图案两科，以郑锦为校长。九年，设专门部之图画、手工师范科。十一年，改称北京美术专门学校，设国画、西画、图案三系，并图画手工师范系。十四年，刘哲、陈延龄相继长校。十五年二月，又改名国立艺术专门学校，增设音乐、戏剧两系，以林风眠为校长。十六年十月，风眠辞职。十七年，编入国立北平大学，名艺术学院，以徐悲鸿为院长，旋即辞职，以北平大学副校长李书华兼院长，恢复音乐、戏剧二系，增设建筑系，改图案系为实用美术系，合国画、西画两系，共成立六系，男、女学生三百五十名。十八年八月，教育部令改为北京艺术专科学校，因校中延未改组，部令自十九年度起，停止招生，逐渐结束；在结束期间，暂用旧名，隶属国立北平大学云。

（寅）国立杭州艺术专科学校——民国十七年三月，大学院设艺术院于杭州，得浙江省政府的许可，以西湖滨之罗苑为校舍，不足，附加以照胆台、三贤祠、苏、白二公祠等。以林风眠为院长，设中国画、西洋画、雕塑、图案四系，而外国语用法文。秋，合并中国画、西洋画为绘画系。其所用标语为：

介绍西洋艺术；

整理中国艺术；

调和中西艺术；

创造时代艺术。

甚合吾国现代艺术教育之旨趣。十八年十月，奉教育部令，改为美术专科学校。开学时，学生不过六十人，现已增至二百二十六人。开学时，校中设有研究班，为本校教员及已在美术学校毕业而更求深造者的共同研究的机关，近因与专科学校规程不合，殆将停办。又兹校自十八年度起，规定无论何系学生，第一年均习木炭画，即预备于绘画科中专习中国画者，亦从木炭画入手，为将来改进中国画之基础云。印有《亚波罗》月刊。

（卯）国立中央大学教育学院的艺术教育科及艺术专修科——艺术教育科分国画、西洋画、手工、音乐四组，均四年毕业。艺术专修科分图画、工艺、音乐三组，为培养中等学校师资而设，三年毕业。本科以李祖鸿为主任，以吕浚、徐悲鸿、唐学咏等为副教授。

（辰）中国画学研究会——此会为民国七八年间，周肇祥、陈衡恪、金绍城等所发起，九年成立，设在北京达子庙欧美同学会。会员三十余人，分人物、山水、花鸟、界画四门。其教授，以精研古法、博择新知为主旨。研究员，不分男女，以能画及经有正当职业之人介绍，以作品送会审查，认为可以造就者为合格；五年期满，成绩优良者，给证书，升充助教。十一年，迁会所于中央公园。现任会长周肇祥，北京画界前辈，多任评议员。有研究员二百余人。研究员升充助教者二十余人。其研究毕业而在各学校充教员、导师及组织美术团体者颇多。曾开成绩展览会七次。发行《艺苑》旬刊。

（巳）艺苑的绘画研究所——十七年十月十日，江小鹣、张辰伯、朱屺瞻、王济远等，设绘画研究所于上海林荫路之艺苑。他所发表的旨趣是："增进艺术旨趣，提高研究精神，发扬固有文化，培养专门人才。"科目先设西洋画，分油画、水彩画、素描三科，人数以三十人为限。（1）研究员十五人，容纳一般画家自由制作。（2）研究生十五人，对于绘画有深切之嗜好者，共同习作。

（乙）博物院

最近期间，各地方多有古物保存所之设立，使古代美术不致散失，且可备参观者的欣赏，但规模均小。其内容较为丰富的，是北平的古物陈列所与故宫博物院。

（子）古物陈列所——成立于民国初年，设于乾清门外之太和、中和、保和及文华、武英等殿，以奉天、热河两行宫之物品充之，书画占最多数，更番陈列，其他瓷、漆、金、玉之器，亦为外间所寡有的。

（丑）故宫博物院——成立于十四年十月，设于乾清门内各宫殿。分中、东、西三路：中路有乾清宫、交泰殿、坤宁宫，再后为御花园，亭台楼阁甚多。东路为景仁、承乾、钟粹、延禧、永和、景阳六宫，其南为毓庆宫及斋宫，红墙外有奉先殿，东北有玄穹宝殿及库房等。西路有永寿、翌坤、储秀、启祥、长春、咸福六宫，其南为养心殿。西六宫之北为重华宫，西为建福宫。建福宫南为抚辰殿、延庆殿。再南为雨花阁。雨花阁后为西花园。红墙外，东面为外东路，有宁寿宫，其西北角有山石园林之胜。西面为外西路，有寿安、寿康、慈宁等宫殿，再南有慈宁花园。故宫的建筑及园林，均有美术的价值，昔为清皇室所占有，自十四年后，次第开放，公诸民众。

至于宫中的物品，除书籍及档册外，美术品甚多：

（天）书画　书画之大多数，存于斋宫及钟粹宫两处，共八千余件，多为唐、宋、元、明真迹，其他散于各殿庭者亦不少。中如王羲之快雪时晴，怀素自叙，过庭书谱，吴道子画像，宋徽宗听琴图，郎世宁百骏图等，皆其特出之件。

（地）陶瓷　陶瓷当以景阳宫及景祺阁两处之收藏品为最精。中国古代名窑之瓷，应有尽有，数约六千余件。清瓷如所谓古月轩者，存于乾清宫东廊；库房及养心殿，亦有数百件。此外，各宫收藏及陈列之陶器，不下数十万件。新瓷及日用之官窑，尚未计及焉。

（玄）铜器　古铜器为散氏盘，新莽嘉量，均为世间不可多见之物。此外，商、周彝鼎，著名者数百件。余如汤若望、南怀仁等所制之仪器，多有存者。

（黄）玉器　玉器中，以宁寿宫乐寿堂中寿山福海及镂刻大禹治河图之白玉山，乾清宫之大玉缸及玉马为巨制。其他小件，或以润泽胜，或以镂刻见长，数亦以万计。

余如琥珀、玛瑙、珊瑚及各种宝石、象牙之匜洗壶尊，间有质薄如纸，外有镂空玲珑花鸟者，或有用整料镂分十数层者。此外，番经番佛，尤无量数。古砚、笔、墨、缂丝及景泰蓝屏幛等，亦多精品，且有宋、元之物。印有《故宫月刊》。

（丙）展览会

美术学校与研究所均为培养美术家而设，本没有直接普及民众之目的。较易普及的，是展览会。北京自美术学校设立后，时有团体与个人的展览会，上海亦然。其规模较大者有二：

（子）艺术大会——是会为北京艺术专门学校校长林风眠等所发起，除造形艺术外，并包有音乐、戏剧，于十六年五月十一日开幕，出品在三千件以上，并有音乐演奏及五五剧社、形艺社及青年俱乐部的演剧，有海灯、糊涂、西洋画会、形艺社、五五剧社、漫画社、四川艺术学社等特刊；而北京各日报，如《晨报》《世界日报》等，均特辟画报，可谓备宣传之盛。至六月三日，始闭幕。

（丑）全国美术展览会——十六年冬，大学院设艺术教育委员会，委以全国美术展览会之筹备。十七年十一月，因大学院已改组为教育部，兹会即隶属于教育部。教育部又别组委员会办理之，会场设上海普育堂，十八年四月十日开会，一个月而毕。所陈列的，第一部，书画，一千二百三十一件；第二部，金石，七十五件；第三部，西画，三百五十四件；第四部，雕塑，五十七件；第五部，建筑，三十四件；第六部，工艺美术，二百八十八件；第七部，美术摄影，二百七十七件。又有日本美术家出品八十件。每日并有收藏家分别借陈之书画。于开会时出《美展》三日刊，会毕后，有正书局印有《美展》特刊，分古、今两册。此次展览，每一人之作品，在每部中，以五件为限，故陈列品之数止于此。而其中以国粹的书画占过半数。又以我国尚未有美术馆以陈列古代作品，故乘此机会而为一部分的展览，正是过渡时代的现象。

此次展览会中，虽有建筑一部，所陈列的，并非都是创作，其中创作的几种图样，大抵纯粹的欧美式。十余年前，有美国建筑家颇以欧美式建筑，与吾国普通建筑的环境不相调和，引为遗憾，乃创一种内部用欧式，而外形仍用华式的新式，初试用于南京的金陵大学与金陵女子大学，继又试用于北平的协和医院及燕京大学。最近，则首都铁道部新建筑，亦采用此式。以金陵女子大学为最美观。

（丁）摄影术

摄影术本为科学上致用的工具，而取景传神，参以美术家意匠者，乃与图画相等。欧洲此风渐盛，我国亦有可记者：

（子）光社——设于北平，十二年，陈万里、黄振玉等所发起，初名艺术写真研究会。十三年，改名光社，吴郁周、钱景华、刘半农等均为重要分子，每年在中央公园董事会开展览会，观众在万人以上。十六年出年鉴第一集，十七年出年鉴第二集。

（丑）华社——设于上海，成立于十六年，曾开展览会数次，印刷品有社员《郎静山摄影集》。

（寅）摄影杂志——上海天鹏艺术会印有《天鹏摄影杂志》。

（戊）美术品印本

（子）书画摹印——摹印古代书画，始于邓实的神州国光社，文明书局及有正书局继之，其后，商务印书馆与中华书局都有这种印本，并于碑帖画册以外，兼及屏联堂幅，于是向来有力者收藏之品，得以普及于民众。其专印新式图画及雕刻的，有李金发所编的《美育》杂志，已出至第三期。

（丑）图画期刊——以图画为主，文字为副，定期刊行的，始于良友图书公司之《良友》，自十五年起，现已出至四十余册。继之而起的，有《文华》与《时代画报》等。又日报中，有《时报》者，每日均有《图画时报》。

二　音乐

（甲）音乐学校

民国十六年十月，大学院始设国立音乐院，以蔡元培为院长，萧友梅为教务长。十八年七月，教育部修改大学组织法，改组音乐院为音乐专科学校，以萧友梅为校长。校中设预科、本科，并附设师范科。本科分理论作曲、钢琴、提琴及声乐四组，初学各生入学后，第一年内不分组。又有选科，专为对于音乐曾有研究、欲继续专攻一门者而设。

（乙）传习所

当音乐院未成立以前，民国八年，北京大学学生设有音乐研究会，由大学延请导师，指导各项乐器的练习。十一年秋，改办音乐传习所，先设师范科。十五年夏，第一班学生毕业者十二人。十六年，刘哲长教育部，传习所停办。

九年，北京女子高等师范学校设音乐科，以萧友梅为主任。十三年，第一班学生毕业。是校改名女子师范大学，复招第二班音乐科学生，十八年毕业。

（丙）国乐训练

北平国乐改进社，为刘天华等所设立。

上海大同乐会，成立于民国八年，为郑觐文所创设，自制古乐器，已有八十种，考定而待制者，尚有六十余种。取古代著名乐曲，如《霓裳》《六幺》等，详细探讨，实施演奏。又改编《饶歌》《大予》等乐曲，为国民大乐十二章，已熟练者五章：一曰《大中华》，二曰《神州气象》，三曰《一统山河》，四曰《锦绣乾坤》，五曰《风云际会》。其所养成之会员百余人，以习古琴、琵琶者为最多云。

（丁）演奏会

十二年，萧友梅召集前海关管弦乐队之一部，加以训练，在北京大学及其他各校先后演奏管弦乐，凡四十次，颇受北京人之欢迎。

上海自音乐院成立以来，曾举行教员演奏大会二次，学生演奏会七次。本年，又由一部分教员组织细乐演奏会，每月举行一次。

（戊）音乐杂志

九年一月，北京大学之音乐研究会编印《音乐杂志》，十一年停办。十七年一月，国乐改进社又编印《音乐杂志》。十九年，音乐专科学校编印《乐艺》季刊。

三　文学

（甲）新文学概况

文学革命的风潮，托始于《新青年》。在二十五年前，曾有一时期，各省均办白话报，以林獬（后改名林万里）、陈敬第等所主持之杭州《白话报》为最著，然当时不过以白话为通俗教育的工具，并不认为文学。自《新青年》时代，胡适、陈独秀、钱玄同、周作人等，始排斥文言的文学，而以白话文为正宗的文学，其中尤以胡适为最猛进，作《白话文学史》，以证明白话的声价，于是白话散文，遂取向日所谓古文者而代之。至于白话诗与剧本，虽亦有创作与翻译的尝试，但未到成熟时期，于社会尚无何等显著的影响。最热闹的是小说。第一，是旧小说的表彰：如《水浒》《红楼梦》《儒林外史》等，都有人加以新式评点，或考定版本源流。唐以后的短篇，宋以后的平话，或汇成丛刻，或重印孤本，都有销行的价值。第二，是外国小说的翻译：林纾与魏易等合译小说，是二十五年以前的事，不过取其新奇可喜而已。最近几年，译本的数量激增，其中有关系之作，自然不少，如《少年维特之烦恼》《工人绥惠略夫》等，影响于青年之心理颇大。第三，是文学家的创作：此时期中，以创作自命者颇多。举其最著者，鲁迅（周树人）的《呐喊》《彷徨》等集，以抨击旧社会劣点为的，而文笔的尖刻，足以副之，故最受欢迎。而茅盾（沈雁冰）的《动摇》《追求》《幻灭》，亦颇轰动一时。新进作家最有希望的沈从文，著有《蜜柑集》等，也是被人传诵的。

（乙）文学的期刊

最近十年，发行的文学期刊甚多，有目的不在文学而专为一种主义之宣传的，往往不久即停。今举纯粹文学的、而且印行较久的如左：

（子）《小说月报》——为文学研究会郑振铎、沈雁冰、叶绍钧等所主编，郑振铎曾编有《世界文学大纲》，材料丰富，编制谨严，可为空前之作，决非投机哗众者所能为。所以《小说月报》的文学，宁受平庸之诮，不致有偏宕之失。

（丑）《语丝》——为周树人、作人兄弟等所主编。一方面，小品文以清俊胜；一方面，讽刺文以犀利胜。

（寅）《真美善》——为曾孟朴、虚白父子所主编。陆续发表影射清季时事的《孽海花》长篇小说并其他创作，尤致力于介绍法国文学。创刊号有《编者的一点小意见》一篇，中有几节说："在文学上什么叫做真？就是文学的体质，就是文学里一个作品所以形成的事实或情绪。作者把自己选采的事实或情绪，不问是现实的，是想象的，描写得来恰如分际，不模仿，不矫饰，不扩大，如实地写出来，叫读者同化在她想象的境界里，忘了是文学的表现，这就是真。什么叫做美？就是文学的组织，……就是一个作品里全体的布局，和章法、句法、字法。作者把这些通盘筹计了，拿技巧的方法，来排列配合得整齐紧凑，……自然地显现出精神兴趣、色彩和印感，能激动读者的心，怡悦读者的目，就丢了书本，影相上还留着醰醰余味，这就是美。什么叫做善？就是文学的目的，……就是一个作品的原动力，就是作品的主旨，也就是她的作用。凡作品的产生，没有无因而至的，没有无病而呻的，或为宣传学说，或为解决问题，或为发抒情感，或为纠正谬误，形形色色，万有不同，但综合诸说，总希望作品发生作用，不论政治上，社会上，道德上，学问上，发生变动的影响，这才算达到文学作品最高的目的；……不超越求真理的界线，这就是善。”对于文学上真、美、善三方面的观察，甚为正确。此杂志现已出至第五卷，对于自己所悬的标准，能久而不渝，是很难得的。

（卯）《新月》——为徐志摩、梁实秋、叶公超、潘光旦、闻一多、饶孟侃等所编。第一期发表了一篇《新月的态度》，有一节说：“我们不妨把思想（广义的，现代刊物的内容的一个简称）比作一个市场，我们来看看现代我们这市场上看得见的，是些什么？……把他们列举起来：（1）感伤派；（2）颓废派；（3）惟美派；（4）功利派；（5）训世派；（6）攻击派；（7）偏激派；（8）纤巧派；（9）淫秽派；（10）狂热派；（11）稗贩派；（12）标语派；（13）主义派。商业上有自由，不错，思想上、言论上更应得有充分的自由，不错；但得在相当的条件下，最主要的两个条件，是：（1）不妨害健康的原则，（2）不折辱尊严的原则。”又说：“生命是一切理想的根源，他那无限而有规则的创造性，给我们在心灵的活动上一个强大的灵感。他不仅暗示我们，逼迫我们，永远望创造的生命的方向走，他并且启示给我们的想象，物体的死，只是生的一个节目，不是结束，他的威吓，只是一个谎骗。我们最高的努力的目标，是与生命本体同绵延的，是超越死线的，是与天外的群星相感召的。为此，虽则生命的势力有时不免比较的消歇，到了相当的时候，人们不能不醒起。我们不能不醒起，不能不奋争，尤其在人生的尊严与健康横受陵辱与侵袭的时日！”《新月》的发行逾一年了，他确有思想上、言论上的自由，而且确能守着不妨害健康、不折辱尊严的两个条件，这是可以公认的。

四　演剧

演剧的改良，发起于留日学生陆镜若、吴我尊、李道衡、李叔同等的春柳社，以提倡白话剧为主，译日本剧《不如归》，自编《社会钟》《家庭恩怨记》等剧。民国二年，始在上海贸得利戏院公演。四年，陆镜若病故，社遂解散。社员欧阳予倩本兼习旧剧，因从改良旧剧上着手。民国八年，应张謇之招，在南通设伶工学社，招小学毕业的学生，分戏剧、音乐两班教授，历六年，曾在新式剧场演过。予倩近又往广东，办理戏剧研究所。

十余年前，北京梅兰芳、齐如山等病京腔词句村俗，乃新编《天女散花》《嫦娥奔月》诸剧。如山作曲，兰芳演剧，一时颇博得好评。近更由刘天华为作梅兰芳歌曲谱，以五线谱与管色字谱并列。这也是一种改良旧剧的工作。

春柳社解散以后，白话剧仍有人续演，称为文明戏，多浅薄。较为深造的，北京有陈大悲，上海有洪深、田汉，山东有赵太侔，均曾在外国研究戏剧。汉组织南国剧社，成绩显著。太侔组织实验剧院，亦已成立。

五　影戏

影戏本为教育上最简便的工具，但中国自编的影戏，为数寥寥，且多为迎合浅人的心理而作。输入的西洋影片，亦多偏于刺激的。他们的好影响，远不及恶影响的多。

六　留声机与无线电播音机

留声机传唱本国与外国的歌唱，流行甚广。无线电播音机，可以不出门而选听远地的乐歌，亦渐渐流行。

七　公园

美育的基础，立在学校；而美育的推行，归宿于都市的美化。我国有力者向来致力于大门以内的修饰，庭园花石，虽或穷极奢侈，而门以外，无论如何秽恶，均所不顾。首都大市，虽有建设的计画，一时均未能实现；未有计画的，更无从说起。我们所认为都市美化的一部分，只有公园了。各地方的公园，不能列举，现举旧都及新都较为著名的公园以见例。

（甲）属于旧都北平的

（子）中山公园——旧为社稷坛，在端门右侧。民国三年十月十日始开放，以三日为期。嗣经市民请求，四年一月，内务部公布公园开放章程，由市民集资经营，即由捐资的市民组织董事会管理之，增建房屋八百九十余间，增植花木万二千余株，定名中央公园。十七年，北平特别市政府核定新章，改名中山公园，受市政府管辖，由市政府特派委员二人，本园董事内公推委员三十人，改组委员会，管理园务云。

（丑）北海公园——民国五年以后，市民屡请开放北海，不果。十七年八月，始实行开放。十一月，由捐资市民九十余人组织北海公园董事会。九月，受北平特别市政府管辖，由市政府特派委员二人，及全体董事中公推委员三十人，改组委员会管理之。修治山路，增建房屋，添植花木，设公共体育场及儿童体育场各一所，置游船、游车、冰床等，并招商承办中西餐、茶点、糖果、球房、照相、古玩、书画各项营业，游人便之。

（乙）属于首都的

（子）第一公园——园在复成桥东，旧为秀山公园，用以纪念李纯。兴工于民国九年，落成于十二年。十六年九月，民众团体改名为血花公园，以纪念是年龙潭、栖霞间之战死者。十月，奉国民政府指令，定名为第一公园，由南京特别市政府教育局派员管理。其后由公园管理处接受。园中以烈士祠为中心，有花石山、金鱼池、玩月亭、歌舞亭、紫金园、月牙池、紫薇亭诸胜。

（丑）莫愁湖公园——园在水西门外，本为市民夏日赏荷之所。十七年，始辟为公园。有胜旗楼、郁金堂诸胜。

（寅）五洲公园——园以后湖及湖上各洲组织之，成立于十七年。改旧日的菱洲为澳洲，芷洲为非洲，长洲为亚洲，新洲为欧洲，老洲为美洲。开通道路，点缀风景，有景行楼、赏荷厅、湖心亭、铜钩井、梅岭诸胜。

右列诸端，对于美育的设施，殆可谓应有尽有。然较之欧洲各国，论量论质，都觉得我们实在太幼稚了。急起直追，是所望于同志。

（刊 1931 年《寰球中国学生会二十五周年纪念册》）

美育代宗教

有的人常把美育和美术混在一起，自然美育和美术是有关系的，但这两者范围不同，只有美育可以代宗教，美术不能代宗教，我们不要把这一点误会了。就视觉方面而言，美术包括建筑、雕刻、图画三种，就听觉方面而言，包括音乐。在现在学校里，像图画、音乐这几门功课都很注意，这是美术的范围。至于美育的范围要美术大得多，包括一切音乐、文学、戏院、电影、公园、小小园林的布置、繁华的都市（例如上海），幽静的乡村（例如龙华）等等，此外如个人的举动（例如六朝人的尚清谈）、社会的组织、学术团体、山水的利用，以及其他种种的社会现状，都是美育。美育是广义的，而美术则意义太狭。美术是活动的，譬如中学生的美术就和小学生的不同，那一种程度的人就有那一种的美术，民族文化到了什么程度就产生什么程度的美术。美术有时也会引起不好的思想，所以国家裁制便不用美术。

我为什么想到以美育代宗教呢？因为现在一般人多是抱着主观的态度来研究宗教，其结果，反对或者是拥护，纷纭聚讼，闹不清楚，我们应当从客观方面去研究宗教。不论宗教的派别怎样的不同，在最初的时候，宗教完全是教育，因为那时没有像现在那样为教育而设的特殊机关，譬如基督教青年会讲智、德、体三育，这就是教育。

初民时代没有科学，一切人类不易知道的事全赖宗教去代为解释。初民对于山、海、光，以及天雨、天晴等等的自然界现象，很是惊异，觉得这些现象的发生，总有一个缘故在里面。但是什么人去解释呢？又譬如星是什么，太阳是什么，月亮是什么，世界什么时候起始，为什么有这世界，为什么有人类这许多问题，现在社会人事繁复，生活太复杂，人类一天到晚，忙忙碌碌，没有工夫去研究这些问题，但我们的祖宗生活却很简单，除了打猎外，便没有什么事，于是就有摩西亚把这些问题作了一番有系统的解答，把生前是一种怎样情形，死后又是一种怎样情形，世界没有起始以前是怎样，世界将来的究竟又是怎样，统统都解释了出来。为什么会有日蚀、月蚀那种自然的现象呢？说是日或月给动物吞食了去。在创世纪里，说人类是上帝于一天之内造出来的，世界也是上帝造出来的，而且可吃的东西都有。经过这样一番解释之后，初民的求知欲就满足了，这是说到宗教和智育的关系。

从小学教科书里直到大学教科书里，有人讲给我们听，说人不可做怎样怎样不好的事，这是从消极说法，更从积极方面，说人应该做怎样怎样的人。这就是德育。譬如摩西的十诫也说了许多人“可以”怎样和“不可以”怎样的话，无论那一种的宗教总是讲规矩，讲爱人爱友，爱敌如友，讲怎样做人的模范，现在的德育也是讲人和人如何往来，人如何对待人，这是说到宗教和德育的关系。

宗教有跪拜和其他种种繁重的仪式，有的宗教的信徒每日还要静坐多少时间，有许多基督教徒每年要往耶路撒冷去朝拜，佛教徒要朝山，要到大寺院里去进香。我把这些情形研究的结果，原来都和体育与卫生有关。周朝很注重礼节，一部《周易》无非要人强壮身体，一部《礼记》规定了很繁重的礼节，也无非要人勇敢强有力，所谓平常有礼，有事当兵。这是说到宗教和体育的关系。

所以，在宗教里面智、德、体三育都齐备了。

凡是一切教堂和寺观，大都建筑在风景最好的地方。欧洲文艺复兴之后，在建筑方面产生了许多格式。中国的道观，其建筑的格式最初大都由印度输入，后来便渐渐地变成了中国式。回教的建筑物，在世界美术上是很有名的。我们看了这些庄严灿烂的建筑物，就可以明了这些建筑物的意义，就是人在地上不够生活，要跳上天去，而这天堂就是要建立在地上的。再说到这些建筑物的内部也是很壮丽的，我们只要到教堂里面去观察，我们就可以看出里面的光线和那些神龛都显出神秘的样子，而且教堂里面一定有许多雕刻，这些雕刻都起源于基督教。现在有许多油画和图像都取材自基督教，唐朝的图像也都是佛。此外在音乐方面，宗教的音乐，例如宗教上的赞美歌和歌舞，其价值是永远存在的。现在会演说的人有许多是宗教家。宗教和文学也有很密切的关系，因为两者都是感情的产物。凡此种种，其目的无非在引起人们的美感，这是宗教的一种很重要的作用。因为宗教注意教人，要人对于一切不满意的事能找到安慰，使一切辛苦和不舒服能统统去掉。但是用什么方法呢？宗教不能用很严正的话或很具体的话去劝慰人，它只能利用音乐和其他一切的美术，使人们被引到别一方面去，到另外一个世界上去，而把具体世界忘掉。这样，一切困苦便可所暂时去掉，这是宗教最大的作用。所以宗教必有抽象的上帝，或是先知，或是阿弥陀佛。这是说到宗教和美育的关系。

以前都是以宗教代教育，除了宗教外没有另外的教育，就是到了欧洲的中古时代也还是这样。教育完全在教堂里面，从前日本的教育都由和尚担任了去，也只有宗教上的人有那热心和余暇去从事于教育的事业。但现在可不同了，现在有许多的事我们都知道。譬如一张桌子，有脚，其原料是木头，灯有光等等。这些事情只有科学和工艺书能告诉我们，动物学和植物学也告诉了我们许多关于自然的现象。此外如地球如何发生，太阳是怎么样，星宿是怎么样，也有地质学和天文学可以告诉我们，而且解释得很详细，比宗教更详细。甚而至于人死后身体怎样的变化，灵魂怎样，也有幽灵学可以告诉我们，还有精神上的动作，下意识的状态等等，则有心理学可以告诉我们。所以单是科学已经够解释一切事物的现象，用不着去请教宗教。这样，宗教和智育便没有什么关系。现在宗教对于智育不但没有什么帮助，而且反有障碍，譬如像现在的美国，思想总算很能自由，但在大学里还不许教进化论，到现在宗教还保守着上帝七天造人之说，而不信科学。这样说来，宗教不是反有害吗？

讲到德育，道德不过是一种行为。行为也要用科学的方法去研究的，先要考察地方的情形和环境，然后才可以定一种道德的标准，否则便不适用。例如在某地方把某种行为视为天经地义，但换一个地方便成为大逆不道，所以从历史上看来，道德有的时候很是野蛮。宗教上的道德标准至少是千余年以前的圣贤所定，对于现在的社会当然是已经不甚适用。譬如圣经上说有人打你的右颊，你把左颊也让他打，有人剥你的外衣，你把里衣也脱了给他。这几句话意思固然很好，但能否做得到，是否可以这样做，也还是一个问题，但相信宗教的人却要绝对服从这些教义。还有宗教常把男女当作两样东西看待，这也是不对的，所以道德标准不能以宗教为依归。这样说来，现在宗教对于德育也是不但没有益处而且反有害处的。

至于体育，宗教注重跪拜和静坐，无非教人不要懒惰，也不要太劳。有许多人进杭州天竺烧香，并不一定是相信佛，不过是趁这机会看看山水罢了。现在各项运动，如赛跑，玩球，摇船等等，都有科学的研究，务使身体上无论那一部分都能平均发达，遇着山水好的地方，便到那个地方去旅行，此外又有疗养院的设施，使人有可以静养的处所。人疲劳了应该休息，换找新鲜空气，这已成为老生常谈。所以就体育而言，也用不着宗教。

这样，在宗教的仪式中，就丢掉了智德体三育，剩下来的只有美育，成为宗教的唯一原素。各种宗教的建筑物，如庵观寺院，都造得很好，就是反对宗教的人也不会说教堂不是美术品。宗教上的各种美术品，直到现在，其价值还是未动，还是能够站得住，无论信仰宗教或反对宗教的人，对于宗教上的美育都不反对，所以关于美育一部分宗教还能保留。但是因为有了美育，宗教可不可以代美育呢？我个人以为不可，因为宗教上的美育材料有限制，而美育无限制，美育应该绝对的自由，以调养人的感情。吴道子的画没有人说他坏，因为每一个人都有他自己所欣赏的美术。宗教常常不许人怎样怎样，一提起信仰，美育就有限制，美育要完全独立，才可以保有它的地位，在宗教专制之下，审美总不很自由。所以用宗教来代美育是不可的。还有，美育是整个的，一时代有一时代的美育。油画以前是没有的，现在才有，照相也是如此，唱戏也经过了许多时期，无论音乐工艺美术品都是时时进步的，但宗教却绝对的保守。譬如一部圣经，那一个人敢修改？这和进化刚刚相反。美育是普及的，而宗教则都有界限。佛教和道教互相争斗，基督教和回教到现在还不能调和，印度教和回教也极不相容，甚至基督教中间也有新教旧教天主教耶稣教之分，界限大，利害也就很清楚。美育不要有界限，要能独立，要很自由，所以宗教可以去掉。宗教说好人死后不吃亏，但现在科学发达，人家都不相信。宗教又说，人死后有灵魂，做好人可以受福，否则要在地狱里受灾难，但究竟如何，还没有人拿出实在证据来。

总之，宗教可以没有，美术可以辅宗教之不足，并且只有长处而没有短处，这是我个人的见解。这问题很是重要。这个题目是陈先生定的，不是我自己定的，我到现在还在研究中，希望将来有具体的计划出来，我现在不过把已想到的大概情形向诸位说说。

（刊 1932 年《近代名人言论集》）

美育与人生

人的一生，不外乎意志的活动，而意志是盲目的，其所恃以为较近之观照者，是知识；所以供远照、旁照之用者，是感情。

意志之表现为行为。行为之中，以一己的卫生而免死、趋利而避害者为最普通；此种行为，仅仅普通的知识，就可以指导了。进一步的，以众人的生及众人的利为目的，而一己的生与利即托于其中。此种行为，一方面由于知识上的计较，知道众人皆死而一己不能独生；众人皆害而一己不能独利。又一方面，则亦受感情的推动，不忍独生以坐视众人的死，不忍专利以坐视众人的害。更进一步，于必要时，愿舍一己的生以救众人的死；愿舍一己的利以去众人的害，把人我的分别，一己生死利害的关系，统统忘掉了。这种伟大而高尚的行为，是完全发动于感情的。

人人都有感情，而并非都有伟大而高尚的行为，这由于感情推动力的薄弱。要转弱而为强，转薄而为厚，有待于陶养。陶养的工具，为美的对象，陶养的作用，叫作美育。

美的对象，何以能陶养感情？因为他有两种特性：一是普遍；二是超脱。

一瓢之水，一人饮了，他人就没得分润；容足之地，一人占了，他人就没得并立；这种物质上不相入的成例，是助长人我的区别、自私自利的计较的。转而观美的对象，就大不相同。凡味觉、臭觉、肤觉之含有质的关系者，均不以美论；而美感的发动，乃以摄影及音波辗转传达之视觉与听觉为限。所以纯然有“天下为公”之概。名山大川，人人得而游览；夕阳明月，人人得而赏玩；公园的造像，美术馆的图画，人人得而畅观。齐宣王称“独乐乐不若与人乐乐”；“与少乐乐不若与众乐乐”；陶渊明称“奇文共欣赏”；这都是美的普遍性的证明。

植物的花，不过为果实的准备；而梅、杏、桃、李之属，诗人所咏叹的，以花为多。专供赏玩之花，且有因人择的作用，而不能结果的。动物的毛羽，所以御寒，人因有制裘、织呢的习惯；然白鹭之羽，孔雀之尾，乃专以供装饰。宫室可以避风雨就好了，何以要雕刻与彩画？器具可以应用就好了，何以要图案？语言可以达意就好了，何以要特制音调的诗歌？可以证明美的作用，是超越乎利用的范围的。

既有普遍性以打破人我的成见，又有超脱性以透出利害的关系；所以当着重要关头，有“富贵不能淫，贫贱不能移，威武不能屈”的气概；甚且有“杀身以成仁”而不“求生以害仁”的勇敢；这种是完全不由于知识的计较，而由于感情的陶养，就是不源于智育，而源于美育。

所以吾人固不可不有一种普通职业，以应利用厚生的需要；而于工作的余暇，又不可不读文学，听音乐，参观美术馆，以谋知识与感情的调和，这样，才算是认识人生的价值了。

（1931 年前后作）